**口絵１　内部障がいの理解を深めようとするハートプラス運動のマーク**
［出典：特定非営利活動法人ハート・プラスの会］

**口絵２　夜間緊急時の安全性を考慮した階段の例**
床材の今後は，夜間緊急時にも安全に移動できる蓄光式の床材も必要である。
筆者も，滑りにくい床材と蓄光材をミックスした床材の研究開発に参画してきた。

JIS Z 8210　案内用図記号

安全、禁止、注意及び指示図記号に用いる基本形状、色並びに使い方

**口絵 3　バリアフリー整備ガイドライン 2013 年 6 月版（執筆当時の最新版）で提示されている公共交通ターミナル共通のサインの種類**

［出典：国土交通省ホームページ（http://www.mlit.go.jp/common/001089598.pdf）］

## 1 公共・一般施設　Public Facilities

案内所
Question & answer

情報コーナー
Information

病院
Hospital

救護所
First aid

警察
Police

お手洗
Toilets

男子
Men

女子
Women

身障のある人が
使える設備
Accessible facility

スロープ
Slope

飲料水
Drinking water

喫煙所
Smoking area

喫煙所
Smoking area

（備考）
火災予防条例で左記の図記号の使用が規定されている場所には、左記の図記号を使用する必要がある。

チェックイン
/受付
Check-in / Reception

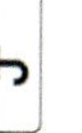
忘れ物取扱所
Lost and found

ホテル/宿泊施設
Hotel / Accommodation

きっぷうりば
/精算所
Tickets / Fare adjustment

手荷物一時預かり所
Baggage storage

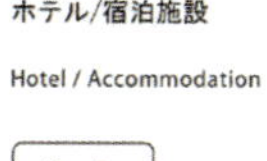

コインロッカー
Coin lockers

休憩所/待合室
Lounge / Waiting room

ミーティング
ポイント
Meeting point

［注２］
（通貨記号
差し替え可）
銀行・両替
Bank, money exchange

［注２］
（通貨記号
差し替え可）
キャッシュサービス
Cash service

郵便
Post

電話
Telephone

ファックス
Fax

カート
Cart

エレベーター
Elevator

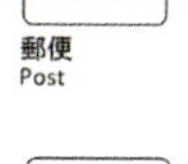
エスカレーター
Escalator

上りエスカレーター
Escalator, up

下りエスカレーター
Escalator, down

階段
Stairs

乳幼児用設備
Nursery

クローク
Cloakroom

更衣室
Dressing room

更衣室（女子）
Dressing room (women)

シャワー
Shower

浴室
Bath

水飲み場
Water fountain

くず入れ
Trash box

リサイクル品回収施設
Collection facility for
the recycling products

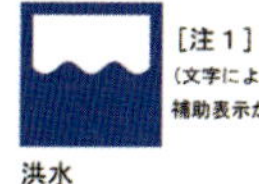
［注１］
（文字による
補助表示が必要）
洪水
flood

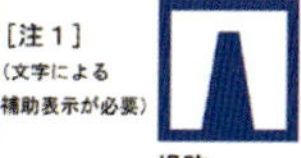
［注１］
（文字による
補助表示が必要）
堤防
levee

## 2 交通施設 Transport Facilities

航空機/空港
Aircraft / Airport

鉄道/鉄道駅
Railway / Railway station

船舶/フェリー/港
Ship / Ferry / Port

ヘリコプター/ヘリポート
Helicopter / Heliport

バス/バスのりば
Bus / Bus stop

タクシー/タクシーのりば
Taxi stand

レンタカー
Rent a car

自転車
Bicycle

ロープウェイ
Cable car

ケーブル鉄道
Cable railway

駐車場
Parking

出発
Departures

到着
Arrivals

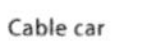

乗り継ぎ
Connecting flights

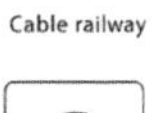
手荷物受取所
Baggage claim

税関/荷物検査
Customs / Baggage check

出国手続/入国手続/検疫/書類審査
Immigration / Quarantine / Inspection

## 3 商業施設 Commercial Facilities

レストラン
Restaurant

喫茶・軽食
Coffee shop

バー
Bar

ガソリンスタンド
Gasoline station

会計
Cashier

［注２］
（通貨記号差し替え可）

## 4 観光・文化・スポーツ施設 Tourism, Culture, Sport Facilities

展望地/景勝地
View point

陸上競技場
Athletic stadium

サッカー競技場
Football stadium

野球場
Baseball stadium

テニスコート
Tennis court

海水浴場/プール
Swimming place

スキー場
Ski ground

キャンプ場
Camp site

温泉
Hot spring

## 5 安全 Safety

消火器
Fire extinguisher

非常電話
Emergency telephone

非常ボタン
Emergency call button

広域避難場所
Safety evacuation area

［注1］
（文字による
補助表示が必要）
避難所（建物）
Evacuation shelter

津波避難場所
Tsunami evacuation area

津波避難ビル
Tsunami evacuation building

## 6 禁止 Prohibition

一般禁止
General prohibition

禁煙
No smoking

禁煙
No smoking

（備考）
火災予防条例で左記の図記号の
使用が規定されている場所には、
左記の図記号を使用する必要がある。

火気厳禁
No open flame

進入禁止
No entry

駐車禁止
No parking

自転車乗り入れ禁止
No bicycles

立入禁止
No admittance

走るな/かけ込み禁止
Do not rush

さわるな
Do not touch

捨てるな
Do not throw rubbish

飲めない
Not drinking water

携帯電話使用禁止
Do not use mobile phones

［注1］
（文字による
補助表示が必要）
電子機器使用禁止
Do not use electronic devices

撮影禁止
Do not take photographs

フラッシュ撮影禁止
Do not take flash photographs

［注1］
（文字による
補助表示が必要）
ベビーカー使用禁止
Do not use prams

遊泳禁止
No swimming

キャンプ禁止
No camping

## 7 注意 Warning

一般注意
General caution

[注 1]
(文字による
補助表示が必要)

障害物注意
Caution, obstacles

上り段差注意
Caution, uneven access / up

下り段差注意
Caution, uneven access / down

滑面注意
Caution, slippery surface

[注 1]
(文字による
補助表示が必要)

転落注意
Caution, drop

天井に注意
Caution, overhead

[注 1]
(文字による
補助表示が必要)

感電注意
Caution, electricity

津波注意(津波危険地帯)
Tsunami hazard zone

## 8 指示 Mandatory

一般指示
General mandatory

静かに
Quiet please

[注 1]
(文字による
補助表示が必要)

左側にお立ちください
Please stand on the left

[注 1]
(文字による
補助表示が必要)

右側にお立ちください
Please stand on the right

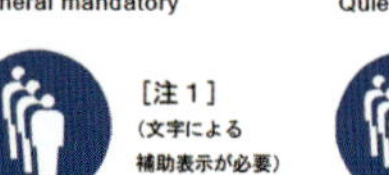

[注 1]
(文字による
補助表示が必要)

一列並び
Line up single file

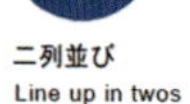

[注 1]
(文字による
補助表示が必要)

二列並び
Line up in twos

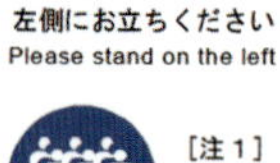

[注 1]
(文字による
補助表示が必要)

三列並び
Line up in threes

[注 1]
(文字による
補助表示が必要)

四列並び
Line up in fours

矢印
Directional arrow

注) 詳細については、JIS Z 8210 案内用図記号を参照のこと。

## （参考）JIS Z 8210 以外の案内用図記号

（一般案内用図記号検討委員会で策定された標準案内用図記号のうち、優先度Cのもの）

店舗/売店
Shop

新聞・雑誌
Newspapers, magazines

薬局
Pharmacy

理容/美容
Barber / Beauty salon

手荷物託配
Baggage delivery service

公園
Park

博物館/美術館
Museum

歴史的建造物 1
Historical monument 1

歴史的建造物 2
Historical monument 2

歴史的建造物 3
Historical monument 3

非常口
Emergency exit

飲食禁止
Do not eat or drink here

ペット持ち込み禁止
No uncaged animals

自然保護
Nature reserve

スポーツ活動
Sporting activities

スカッシュコート
Squash court

スキーリフト
Ski lift

腰掛け式リフト
Chair lift

安全バーを閉める
Close overhead safety bar

安全バーを開ける
Open overhead safety bar

徒歩客は降りる
Foot passenger have to get off

スキーの先を上げる
Raise ski tips

スキーヤーは降りる
Skiers have to get off

**口絵４　国旗を印刷したフルカラーコード，フラッグロゴＱ**

現在，筆者と共同研究企業のＡ･Ｔコミュニケーションズ株式会社と鋭意普及を図っている。QR コードのように，スマートフォンで撮影するだけで，その国の母国語で観光案内を聞くことができる。博物館や美術館をはじめ，多くの観光施設などで援用可能である。

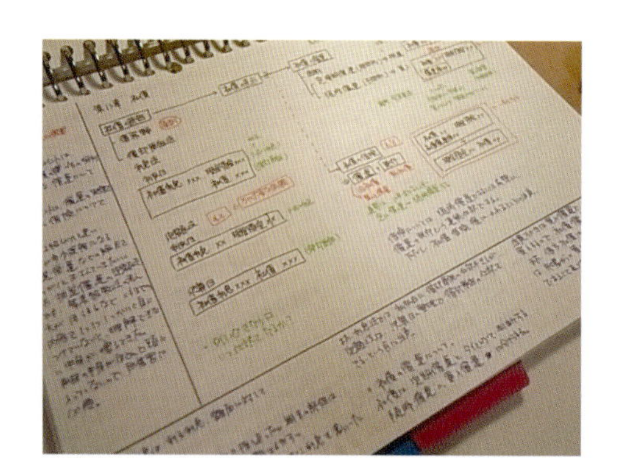

**口絵５　ノートテイキングの例**

なるべく色のちがうペンを使い，授業の臨場感やポイントが伝わるように書くとよい。

# 福祉技術と都市生活

## 高齢者・障がい者・外国人・子どもと親への配慮

西山敏樹 著

慶應義塾大学出版会

# はじめに

「福祉」という言葉を改めて辞書で引くと,「幸福」と同意であることがわかる。

誰もが快適に過ごせる環境をつくり上げるための数々の技術を総称して,「福祉技術」という。福祉技術の先には,幸福を感じてほしい都市生活者が多数いる。現在,筆者は東京都市大学の新しい学際系学部である都市生活学部で,都市生活全体のクオリティを上げるための福祉技術とその普及戦略を研究している。福祉技術は,工学分野の研究者はもちろん,技術を波及させる観点で経済・経営・政策などの社会科学分野の研究者も参画して,みんなで議論をする必要がある斬新な学際的分野である。まさに,生活者の価値観・ニーズを大切にしつつ技術を開発して,それを適切に普及させる制度を設計するところまでが,福祉技術研究の世界観である。けっして工学者だけが行なう分野ではないと覚えてほしい。

従前の福祉技術の代表例としては,車いすの開発の進化がある。筆者の大学の講義「福祉のまちづくり」では,必ず全員に車いすの乗降と介助の実習をやってもらっている。乗車と介助の後にリアクションペーパーを提出してもらうのだが,学生としての率直な意見として,必ず現状の車いすへの不満が述べられている。操作性やサイズ,おしゃれ感など,学生が多数意見を書いてくる。これは,量産製品が完全ではないことを表象している。自分がけがをしたときにお世話になりたくない,ここが改良されれば乗りたい,という意見が多数出てくるものである。福祉技術は,常にニーズ志向で,常に検証および評価をくり返し,都市生活者の幸福度向上を図れるような姿勢で臨む必要がある。

福祉技術に完全は常にないが,100％に近づけるようなチャレンジングな姿勢が常に必要だし,常にスパイラルアップを実現するために求められる社会的な方向性や設計のポイントを抑えることはたいへん重要なことで,それらを読者の方々と共有したいという思いで,文理の枠を越えて書いたのが本書である。

ぜひ本書をバイブルとして,都市生活者の生活の質的向上に資する福祉技術を新たに皆さんにいろいろと編み出してほしいと筆者は切に願っている。従前の福祉技術は，高齢者および障がい者にスポットライトが当てられてきたが，本書では，東京オリンピック2020も視野に入れて，子どもとその親，外国人の目線も重視し，高齢者・障がい者・外国人・子どもとその親という4つの視座で都市環境をとらえ直す。それこそが，真のユニバーサルデザイン化では必要であり，現代に生きるわれわれの都市を見るべき重要な視座だと思っている。

折しも，本書を出すタイミングで，2016年4月1日から，障がい者差別解消法が施行されている。この法律によりわれわれには，一人ひとりの困りごとを意識し，「合理的配慮の提供」が義務化された。すなわち，本書の読者の主流である大学生や大学院生は，今後，就職してから必ず意識しなくてはならない法律である。あわせて，すでに就職されている方はいっそう意識をする必要がある法律である。

マスコミなどでも「何が合理的配慮になるか？」と報じているが，高齢者や障がい者，外国人，子どもとその親という，生活上の問題を抱えやすい人々への合理的な対応をわれわれは常に求められるようになった。技術やサービスを受ける人々の価値観を知り，適切な技術を試作・量産し，その傍らで安全かつ安心を担保する形で技術を普及させて，「価値観・技術・制度」の社会システムデザイン・マネジメントプロセスの三大要素のバランスを意識し，合理的対応を学際的に検討する時期に来ている。本書では，高齢者・障がい者・外国人・子どもとその親の特徴や価値観，障がい者差別解消法などの法制度面も意識し，最適な福祉技術とはどういうものか，わかりやすく解説をすることをめざした。

従前の価値観や制度に主眼を置いた福祉の書籍，技術だけに主眼を置く福祉の書籍を，あえて統合化する学際的性格を強めた福祉社会を描くための新しい本である。技術も製品のテクノロジーと人的対応のスキルの両面を意識している。

これが本書の新しいところであるが，皆さんにも，福祉技術と都市生活の相関を意識しながら，よりよい幸福度の高い都市生活環境の実現に寄与してほしいと思う。さまざまな分野に活きる内容なので，ぜひ最後まで読み味わってほしい。

2017年1月1日

西山敏樹

# 目 次

# 第1章 福祉技術の必要性

まず，**図1.1**と**図1.2**をご覧いただきたい。これは2016年の最新の『高齢者白書』のデータに基づくグラフである。日本の総人口は，2050年に1億人を割り込む見込みである。2050年には9,708万人，さらに2060年には9,000万人を切ると推計されている。問題は2060年に総人口8,674万人のうち，65歳以上の高齢者が3,464万人に達するということである。高齢者が総人口の40％にもなるという状況である。2035年には，ほぼ3人に1人が65歳以上の高齢者になり，2060年には2.5人に1人が高齢者となり，日本は今後45年で高齢者大国化にいっそう拍車がかかる。

さらなる深刻な問題は，65歳以上の高齢者も，65歳から74歳の前期高齢者と75歳以上のいわゆる後期高齢者の人口比率が，東京オリンピックがある2020年に，後期高齢者人口が前期高齢者人口よりも多くなる点である。こうした現状を総合し，

- 日本国内総人口に占める65歳以上高齢者人口の比率が確実に高まっていく
- しかも75歳以上の後期高齢者が増えて身体の障がいが総体的に深刻化する

という構図が明白である。**図1.3**の年齢階層別の障がい者数の推移を見ればわかるが，身体障がい者は高齢者に多く，高齢者が増えれば身体障がい者の人口比率も高まると考えるのが普通である。これらのデータから，総人口に占める高齢者や障がい者の増加は確実であり，高齢者や障がい者が過ごしやすいようにわれわれの都市生活環境に福祉技術を有効に溶け込ませることが，目下急務である。

そうしたなか，国際連合の「障がい者の権利に関する条約」の締結に関連する日本国内での法整備の一環として，「全ての国民が，障がいの有無によって分け隔てられることなく，相互に，人格と個性を尊重し合いながら共生する社会の実現に向けて，障がいを理由とする差別の解消を推進すること」を目的と

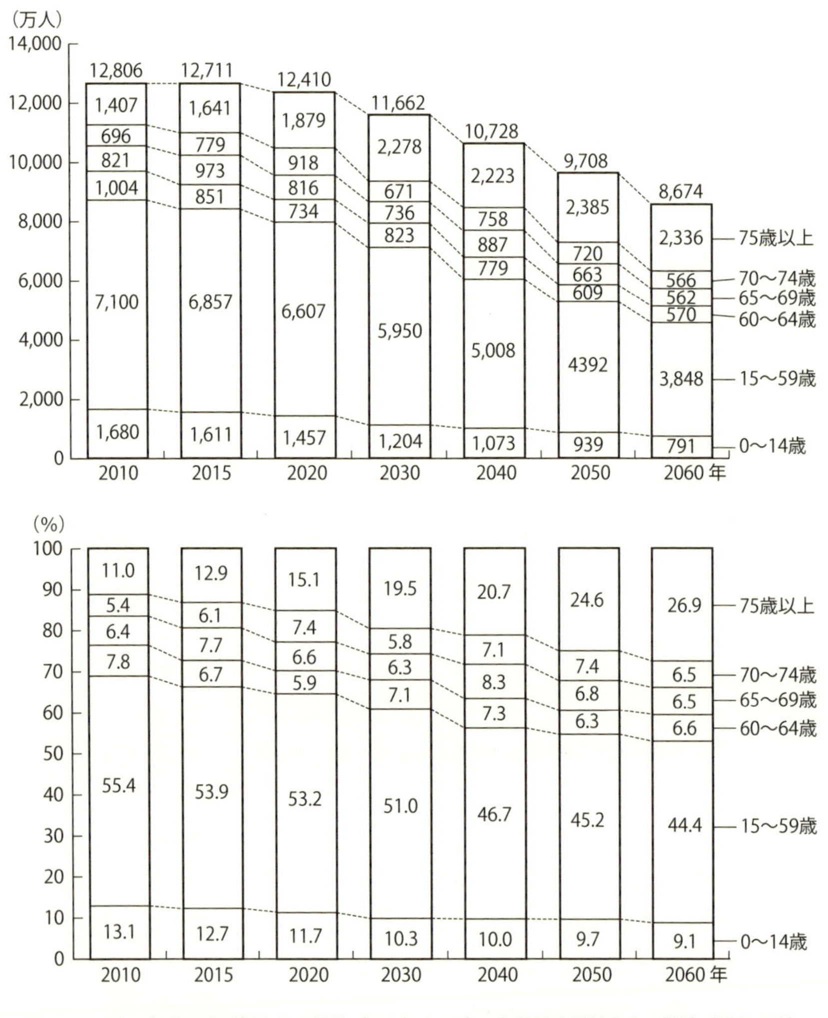


**図 1.1　日本の年齢区分別将来人口推計（万人）と日本の年齢区分別将来人口推計（総人口比）**

［2016 年版高齢社会白書（http://www.garbagenews.net/archives/1999775.html）より改変］

して，2013 年 6 月，「障がいを理由とする差別の解消の推進に関する法律」（いわゆる「障がい者差別解消法」）が制定されて，2016 年 4 月 1 日から施行されている。

われわれに課せられた重要なテーマは，障がい者差別解消法により，一人ひ

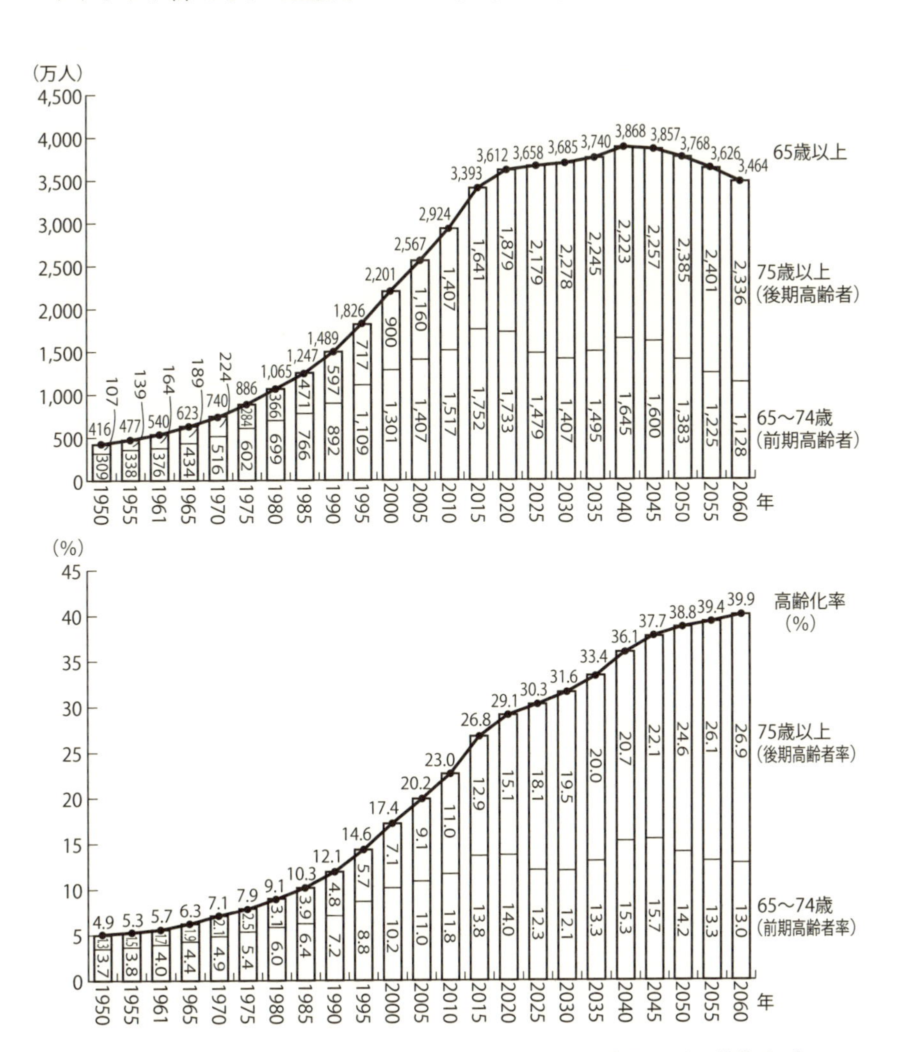


**図 1.2　65 歳位以上人口推移（総人口比，2015 年以降は推定）と 65 歳位以上人口推移（万人，2015 年以降は推定）**

［2016 年版高齢社会白書（http://www.garbagenews.net/archives/1999775.html）より改変］

とりの困りごとを意識し，「合理的配慮の提供」が行政や事業者に義務化されることである。この「合理的配慮」の定義や考え方，とりわけ何を合理的とするかが難しいところである。合理的配慮の一応の方向性や考え方や事例は，内閣府のウェブサイト（http://www8.cao.go.jp/shougai/suishin/jirei/）などにも紹介されるようになっているが，個々の障がいが多岐にわたり，かつ行政や事業者のサービスの内容も万別であり，一般化はきわめて難しい状況である。障がい者差別解消法については第3章冒頭で詳述するが，本法には課題こそあるものの，障がい者への合理的配慮をあらゆる分野で行なう必要がある，という認識を社会に根付かせた成果は認められる。障がいをもつ方々と周りの方々，すなわち行政や事業者がサービスを提供するうえで，どのように対話および協力をしていくべきかが急務になっている。その傍らで東京オリンピック2020の開催も決まり，高齢者や障がい者，子どもとその親，さらには外国人も含めた過ごしやすい都市環境を検討する社会的な必要性が高まり，福祉技術への社会的な期待も高まっている。

**図1.4** および **図1.5** を見ればわかるが，在留外国人の数と訪日外国客の数は

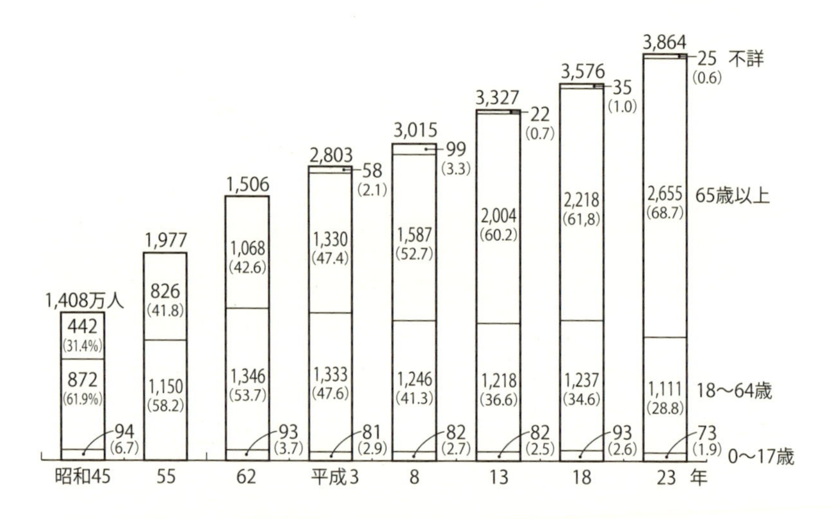


**図1.3　年齢階層別障がい者数の推移（身体障がい児・者・在宅）**

（注）昭和55年は身体障がい児（0～17歳）にかかる調査を行なっていない。[厚生労働省「身体障がい児・者実態調査」（～平成18年），「生活のしづらさなどに関する調査」（平成23年）より改変]

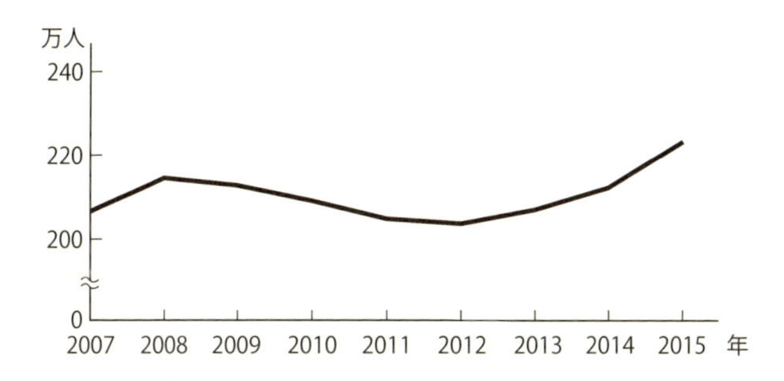


**図 1.4　在留外国人の推移**

［nippon.com ホームページ（http://www.nippon.com/ja/features/h00137/）より改変］

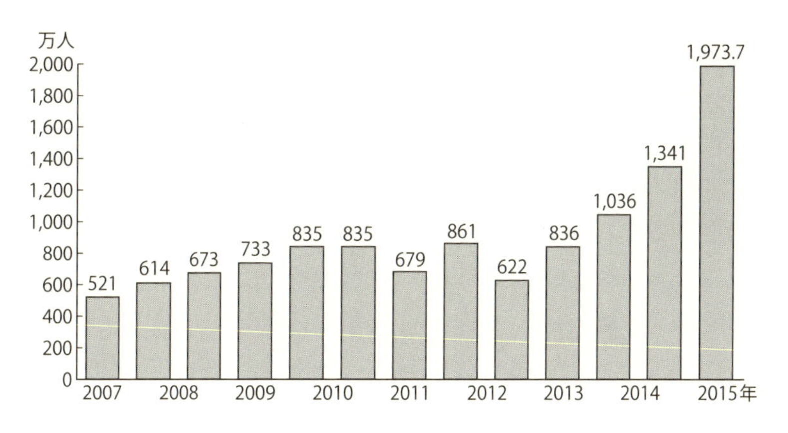


**図 1.5　訪日外国客数の推移**

［インバウンドナビ・ホームページ（https://inboundnavi.jp/2015 -summary-stats）より改変］

ともに増加している。在留外国人の増加は，企業のグローバル化がその大きな要因である。訪日外国客の増加は，国の観光強化政策の加速がその大きな要因といえる。これらの傾向からも，外国人を含めた福祉の検討の必然性は明白な状況である。

**図 1.6** を見ればわかるが，子どもをもつ母で，仕事をもつ人の割合も総じて増えている。女性の社会への進出を支援する昨今の国家的政策の影響が大きいが，長引く景気後退で女性が子どもをもちながら働かざるをえない状況も垣間見える状況である。長期的には，女性の社会進出を支援する政策が継続・拡大

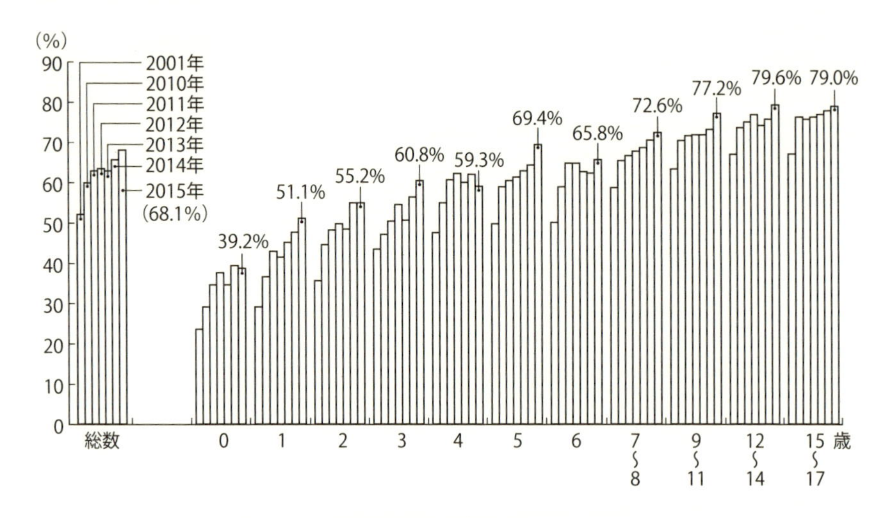


**図 1.6　末子の年齢階級別にみた仕事ありの母の割合**
［ガベージニュース・ホームページ（http://www.garbagenews.net/archives/1953967.html）より改変］

する方向であり，子どもとその親を含めた福祉検討の必要性も高い状況である。

上記の人口動態や社会的な制度動向などを総合的に検討すると，いわゆる都市生活上の悩みを抱えやすい高齢者・障がい者・外国人・子どもとその親を念頭に置いた環境づくりや，福祉的な技術の検討が将来に向けて必須であるとわかる。

# 第2章
# 都市生活上の身体的な特徴

本章では，本書がテーマとする高齢者・障がい者・外国人・子どもとその親の身体的な特徴や，日ごろの生活上で抱えている課題や問題について概観したい。

## 2.1　高齢者の特徴

高齢者の身体的特徴を整理すると，**図 2.1** のとおりになるので参照してほしい。

### 2.1.1　脳の変化

高齢者になると，脳の細胞が減少し，それに伴い物忘れや新しいことを覚えにくくなる。われわれ人間の脳の重量は 20 歳ぐらいで最大になる。その後 50 歳ぐらいまでは変化しない。しかし 50 歳を過ぎるころから，こんどは脳細胞の萎縮や細胞の変化で少しずつ軽くなる。それに伴って脳の働きも低下していく（**図 2.2** および**図 2.3**）。

特に記憶力の低下が目立つことが多く，新しいことを記憶する力が低下していく。記憶力が低下するにつれて，高齢者には次のようなことがしばしば起きる。

・自分で置いたものの置き場所を忘れて，探してもなかなか見つけられない
・ときどき行った場所なのに，最寄り駅から目的地までのルートを忘れてしまう
・近所の人や友人・知人，有名な俳優やスポーツ選手の名前すら思い出せな

| 脳 | 目 | 口 |
|---|---|---|
| 細胞が減少し，物忘れや新しいことを覚えにくくなる。 | 遠視や視力低下が起こる。目が乾きやすくなる。 | 唾液の分泌量が低下し，口の中が乾きやすくなり，歯周病になりやすくなる。また，飲み込みにくくなり，むせたり，つかえたりする。 |

| 内分泌 | 骨 | 関節 |
|---|---|---|
| 女性ホルモン→男性ホルモン→甲状腺ホルモンの順番に，分泌量や機能が低下する。 | 骨量が減り，骨折しやすくなる。 | 靭帯や腱が硬くなる。関節軟骨も硬くなるので，関節が動かしにくくなる。 |

| 筋肉 | 耳 | 皮膚 |
|---|---|---|
| 筋線維が弱く細くなるので，筋肉量が低下する。腕よりも足の筋肉のほうが衰えやすい。 | 高音域が聞き取りにくくなる。耳が遠くなる。 | 乾燥しやすくなり，弾力が低下する。感覚が鈍くなる。 |

| 呼吸器 | 循環器（心臓・血管） | 消化器 |
|---|---|---|
| 肺活量が低下するので，動きに伴い息切れが生じることがある。 | 血管が硬くなり，動脈硬化が起こりやすくなる。心臓が弱くなり，動悸が起こりやすくなる。 | 胃酸の分泌量が低下するので，消化力が低下する。腸の動きが悪くなるので，便秘傾向になる。 |

| 泌尿器 |
|---|
| 膀胱が萎縮するので許容量が減り，トイレが近くなる。尿道括約筋が低下するので，失禁することもある。 |

**図 2.1　高齢者の身体的特徴の整理**

［トウ・キユーピー「健やか通信 2014 年 7 月号」（http://www.blueflag.co.jp/html/sukoyaka/tsushin_1407.html）より改変］

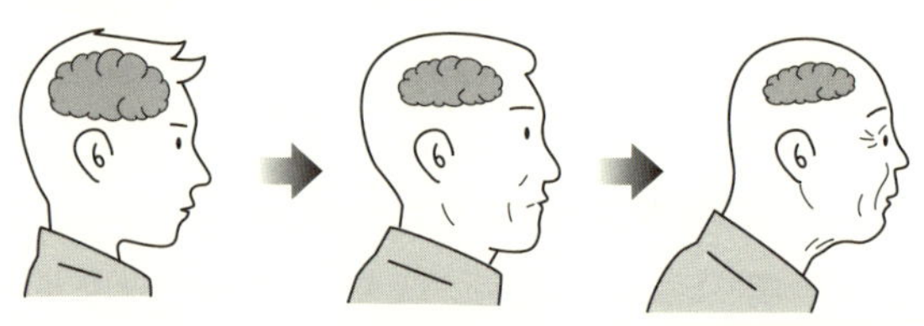


**図 2.2　加齢に伴う脳の萎縮傾向のイメージ**

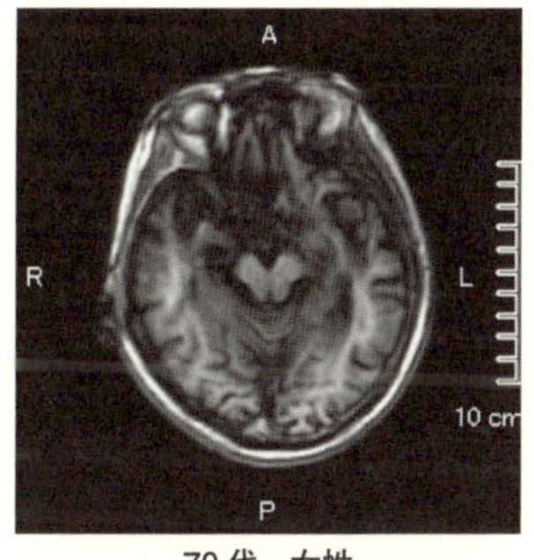


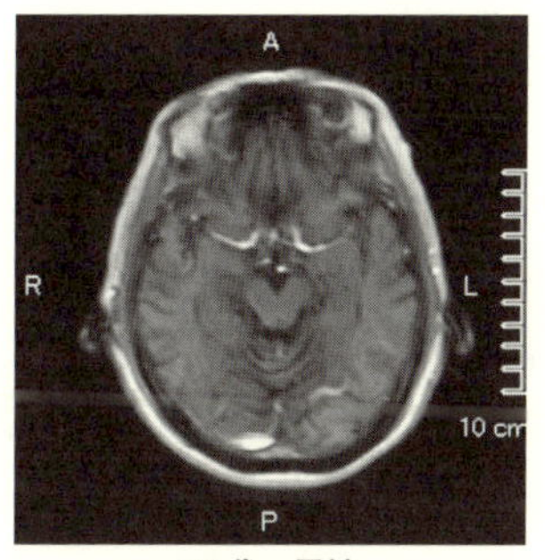


70代　女性　　70代　男性

**図2.3　健常な高齢者と認知症患者の脳のちがい**

70代女性アルツハイマー型認知症（左）と70代男性健常者（右）の頭部MRI画像水平断。アルツハイマー型認知症では大脳全般，とくに海馬・海馬傍回を含む側頭葉内側領域の萎縮が目立つ。[写真提供：三村 將（慶應義塾大学医学部精神神経科学教室）]

い

・同じような質問を執拗に何度もくり返し，周囲の人々に迷惑をかけてしまう

脳の萎縮や脳血管の老化で動脈硬化や脳卒中のリスクが高まり，認知機能に影響が出る。脳の老化で，記憶力低下と認知機能（五感を通じ外から入ってきた情報から物事や現状を認識し，正しく理解し，適切な対応をするための機能）の低下がもたらされる。一般に加齢で認知機能の働きが遅くなることが多く，判断や反応により長い時間が費やされることが増えるので，周囲は注意が必要である。

加齢による脳の老化も，他の器官や機能と同じく，人によって差はある。生活環境や習慣によっても異なってくる。むろん，加齢したからといって，すべての脳機能が低下するわけでない。たとえば，新しいことを記憶する力が低下するものの，過去のことを思い出す力は比較的保たれている場合が多い。また，知能や精神機能は，加齢ですべて低下するわけでもない。従前の経験や知識を動員することで総合的な判断力や推理力などが維持され，さらには向上するケースも多々見られる。

大切なことは，上記のように一般に脳機能の低下が加齢により起こるものの，老化には個人差もある。周囲の高齢者の個人特性に注目した応対が重要である。

### 2.1.2　目の変化

加齢すると，遠視や視力低下が起こる。また，目が乾きやすくなるという特徴がある。

われわれ人間の視力は,20歳のころがピークといわれている。30歳代以後は,徐々に衰えていき，40歳代を過ぎると水晶体の弾力性が低下することでピントを合わせにくくなる。近くの人やものが見えにくくなる「老眼」になる人が多くなっていく。あわせて，水晶体の物質変化で，老人性の白内障になる高齢者も多く出現する。

加齢で引き起こされる目の機能低下の代表的なものは，次の５点に整理される。

#### 2.1.2.1　網膜

網膜（**図 2.4**）は，カメラで喩えればフィルムに相当する。見ることを通じ,外界から取り入れられた情報は，光として目に伝わる。その情報を映像として結ぶには，光を電気信号に変えて脳に伝える必要がある。これを担うのが網膜である。

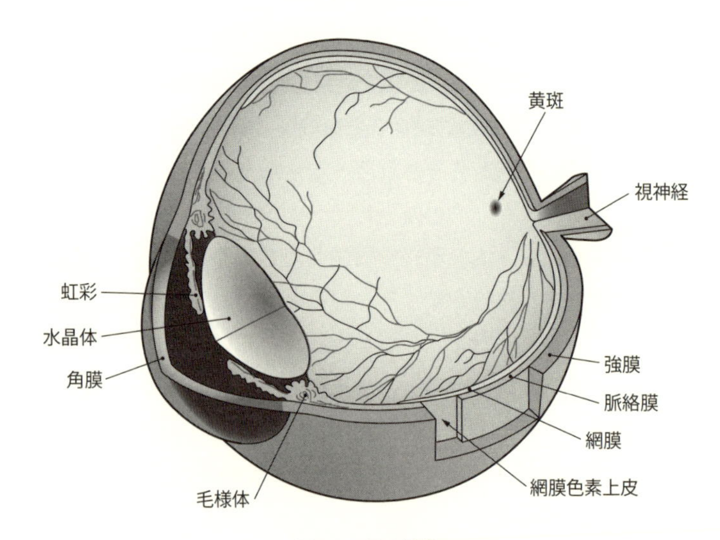


**図 2.4　目の構造**

［日本眼科学会ホームページ（http://www.nichigan.or.jp/public/disease/momaku_karei.jsp）より改変］

もう少しわかりやすく言うと，カメラではフィルムに上下左右が反転した映像が映る。同様に，網膜の上にも，上下左右反転の映像が映る。そのままでは，見た情報の認知がしづらいが，脳では情報が送られると上下左右に反転した映像が元の状態に復元される。ものを見て確かな情報としてわれわれが認知するうえでは，眼球と脳が相互に関係する。加齢すると，網膜の反応が総じて衰える。脳への情報伝達がスムースにいかなくなると，目に見える映像のクリアさも低下していく。

網膜の中心部にあたる黄斑部は，ルテインやゼアキサンチンなどの黄色い色素により，紫外線などの強いエネルギーをもつ光から守られている。この色素類が加齢とともに減少し，網膜がダメージを受けやすくなる。加齢で失明の原因ともなる加齢性黄斑変性という目の病気を引き起こしやすくなり，リスクが大きい。

### 2.1.2.2　水晶体

水晶体（**図 2.5**）は，カメラに喩えると，取り入れた光を屈折させるレンズのような器官である。水晶体を厚くしたり薄くしたりすることで，ピントの調節を担っている。近くのものには水晶体を厚くし，遠くのものには水晶体を薄くして，ピントの調節を行なっている。水晶体は主にタンパク質でできている。プルプルの弾力性が本来あるものだが，加齢で弾力性が失われていく。加齢で

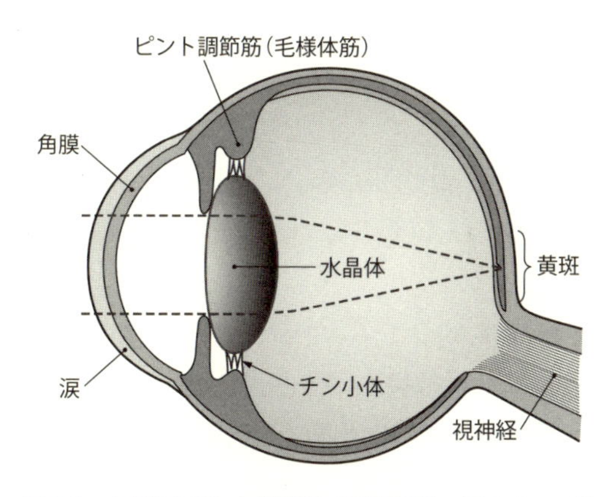


**図 2.5　水晶体やピント調節筋（毛様体筋），涙のイメージ**

［ロート製薬ホームページ（http://jp.rohto.com/learn-more/eyecare/column01/）より改変］

厚みを出しにくくなると特に近いものにピントを合わせにくくなって，これが老眼の原因となる。

#### 2.1.2.3　ピント調節筋（毛様体筋）

ピント調整筋（**図 2.5**）は，水晶体を支える筋肉であり，水晶体とともにピントの調節に欠かせない筋肉である。水晶体は，ピント調節筋の収縮により厚みを変化させ，ピント調節を行なっている。加齢すると，この筋肉が伸びきって，伸縮がスムースにいかなくなる場合が出てくる。これによりピントの調節に支障が生じてくる。

#### 2.1.2.4　涙

加齢すると一般に，涙（**図 2.5**）を分泌させる涙腺や，乾きを防ぐための脂を分泌させるマイボーム腺の機能が低下する。涙は，その水分で目の乾きを潤し，角膜表面に均一な層をつくることで，人やモノをきれいに見せる働きを担う。加齢すると，涙の水分量不足，角膜表面の凸凹の発生が進む。これにより，外界からの光がまっすぐ入らずに，不必要なまぶしさや疲れやすさ，かすみなどにつながっていく。

#### 2.1.2.5　血管

血管は，目に栄養を届けて老廃物を流す機能をもつ。しかし，加齢とともに血流が悪くなり，栄養成分を届ける力が低下していく。さらに老廃物の流れも悪化し，結果的に疲れがたまりやすくなって，見ることが辛くなっていくのである。

### 2.1.3　口の変化

口は，「食べる」，「呼吸する」，「話す」，「笑う」という四大機能をもっている。四大機能を通じて，人間らしい暮らしや表情をつくり上げ，生命を維持している。

#### 2.1.3.1　食べるための口

食べる行為は，「摂取」，「咀嚼」，「嚥下」で構成される。適量を口に運ぶことが「摂食」，食べ物を噛み砕くことを「咀嚼」，食べ物を飲みこむことを「嚥下」という。**図 2.6** を見ると，咽頭のあたりで食べ物が通過する食道と空気が出入りする気道が交差している。加齢すると，嚥下機能が低下し，食べ物や唾

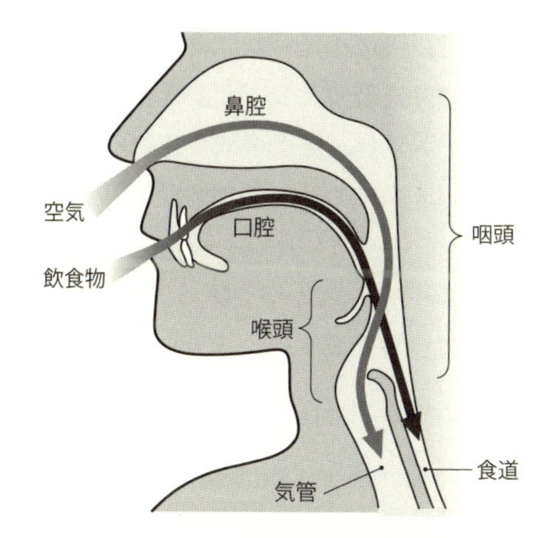


**図 2.6　口やのどの構造と誤嚥性肺炎の原因となる気道と食道**

高齢者の場合，機能低下によって日常的に唾液などが気管へ流れ込んでいる。誤嚥性肺炎を予防するには，口内を清潔に保つ，飲み込む力を保つ，病気に対する抵抗力を高めることなどが必要である。

［日本口腔保健協会ホームページ（http://www.jfohp.or.jp/okuchikenko_navi/senior/）より改変］

液が誤って気管へ入りがちである。この際に口の中の細菌が肺の中まで入りこんで肺炎症を起こす病気が誤嚥性肺炎で，高齢者がなりやすい病気のひとつである。

#### 2.1.3.2　呼吸するための口

われわれ人間は，外からの空気を鼻経由で気管や肺に吸い込む。鼻がつまったりして鼻から空気が吸えないときは，無意識に口から空気を吸う。同様に口から息をはき出しており，この過程に加齢で障がいがないかに着目する必要がある。

#### 2.1.3.3　ことばを話すための口

当然ながらわれわれ人間は，ことばを通じて自分の気持ちなどを相手に伝えている。ことばを伝えるための声は，気管・喉頭・咽頭・鼻，そして口などの発音器官でつくり出される。ことばを話すときは，食べるとき以上に，唇や舌，顎，頬の複雑な運動が必要になる。ゆえに歯並びなどで発音の聞きとりやすさが左右されるが，高齢になると歯並びの悪さや歯の欠損，入れ歯使用で話にも障がいが生じる。

#### 2.1.3.4　顔の表情をつくるための口

われわれ人間は，笑ったり，怒ったり，悲しんだり，泣いたりして，顔を通して喜怒哀楽を表現する。表情は，顔を構成するいろいろな筋肉（表情筋という）の成果といえるが，口まわりの筋肉が加齢で衰退すると感情表現がうまくいかなくなる。

以上のように，加齢によって，飲食・呼吸・コミュニケーションに用いる大事な口の機能が失われる可能性が高まる。この重要機能を対応過程でも念頭に置きたい。

### 2.1.4　内分泌系の変化

加齢すると，内分泌腺で生成されるいくつかのホルモンの量および活性が低下する。ほとんどは，加齢により内分泌系（**図2.7**）が変化しても，目に見える健康状態への影響はほとんど生じない。しかし，加齢で健康上のリスクが高まるケースもある。たとえば，インスリンの変化で2型糖尿病のリスクが増加する。血糖値をコントロールするインスリンの作用が低下し，同時に生成されるインスリンの量が減少する場合がある。インスリンは血中の糖を細胞に取り込み，そこで糖がエネルギーに変換される。インスリンの生成量の減少や作用の低下によって，食事を摂った後に血糖値が異常に上がる事象，正常に戻るのに時間がかかるなどの事象も生じうる。一方で，成長ホルモンが減少し，それと並行して筋肉量が減少する場合もある。塩分と水分を保持するように，から

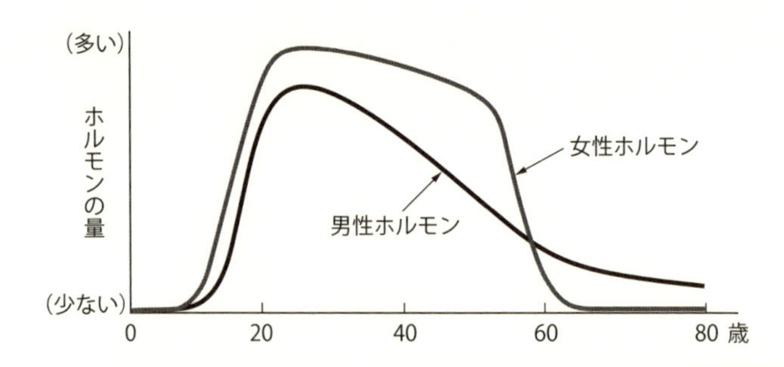


**図2.7　男性と女性の性ホルモンの加齢に伴う変化**

老化は，若いころに体内で分泌されたホルモンの量が年齢とともに減少して発生する。［間瀬内科クリニック・ホームページ（http://www.masenaika-clinic.com/testosterone/）より改変］

だに信号を送っているアルドステロンというホルモンが減り，脱水が起こりやすくなることもあり，注意が必要である。

### 2.1.5 骨の変化

加齢すると関節の弾力性が減り，骨（図 2.8）自体もタンパク質成分の減少で弱くなる。加齢で骨密度は低下する傾向にあり，骨が弱くなり骨折しやすくなる。人によっては関節が変形し，変形性骨関節症になる人も増える。骨のタンパク質成分が減少することで，加齢とともに骨粗鬆症が現われる人も多い。骨粗鬆症になると，骨折しやすくなる。そのため，介護や建築物の改良など，さまざまなケアプロセスで注意が必要になる。骨粗鬆症は，腰痛の原因になることもある。特に閉経後の女性は骨粗鬆症になる人が多いとされており，女性には骨粗鬆症が比較的多い。女性は，閉経の後に骨が過剰に破壊されるのを防ぐ機能をもつエストロゲンの生成量が減る。そのため，骨密度の低下が急激に進んで骨粗鬆症にもなりやすい。

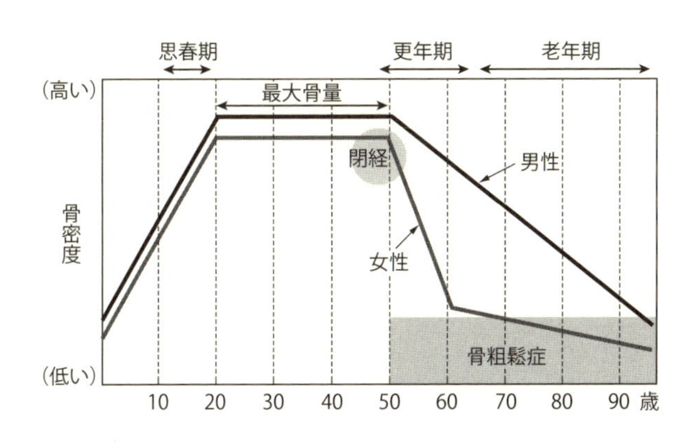


**図 2.8 加齢による骨密度の変化**

［ニッスイ・ホームページ（http://www.nissui.co.jp/academy/eating/15 /02.html）より改変］

### 2.1.6 関節の変化

加齢すると，関節（図 2.9）では関節軟骨の変性が起こる。関節軟骨の変性が進行すると，軟骨がしだいにすり減り，変形性関節症となる。関節の痛みや

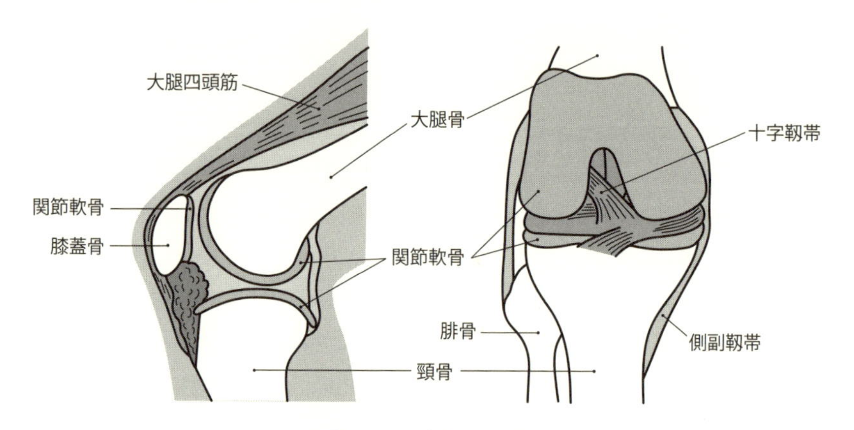


**図 2.9　ひざ関節の構造**

（左）横から見たところ，（右）正面から見たところ。［『ひざの痛み』全解説ホームページ（https://tiryo.net/henkeiseishitsu.html）より改変］

動きが制限されると，日常の活動性が低下する。それが関節の動きそのものを減少させて，さらに関節の動きを悪くする悪循環をもたらす。加齢による変形性関節症は，荷重のかかる膝関節や股関節，手関節に多く出現する。関節軟骨の変性は，比較的若い 20 歳代から始まる。60 歳代では，膝関節，股関節，肘関節および手指の関節の 80 % 以上で認められ，関節軟骨の変性がやがて変形性関節症につながる。

### 2.1.7　筋肉の変化

加齢すると，筋肉（**図 2.10**）では筋肉を構成する筋繊維数の減少と筋繊維自体の萎縮による筋肉量の低下が発生する。加齢による筋変化は，筋繊維自体の変化に比べ筋肉量の減少が主となる。結果的に加齢に伴う筋力低下の本質は筋萎縮である。

筋肉の重量は，成人で体重の約 40 % に達する。しかし，40 歳からは年に 0.5 % ずつ減少して，65 歳以降には減少率がいっそう増大する。最終的に 80 歳のころには 40 歳のときの 80〜90 % の筋肉量にまで低下する。加齢による筋力の変化は，筋肉量の変化より遅れて 50 歳までは維持される。しかし，50 歳から 70 歳にかけては 10 年間に 15 % ずつ減少するといわれる。こうして見ると，

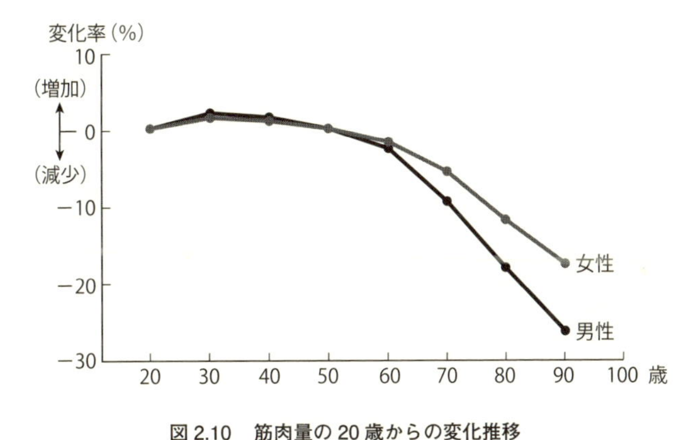


**図 2.10　筋肉量の 20 歳からの変化推移**

［認知症ネット・ホームページ（https://info.ninchisho.net/archives/7288）より改変］

筋肉重量の低下が問題となり，運動量も減ることで身体機能が著しく低下した状態になる。

加齢すると，社会活動性や体力が著しく低下していく。疾病や外傷などで活動性が低下すると，筋萎縮を急速に進行させてしまうことがあり，注意が必要である。

### 2.1.8　耳の変化

加齢すると，一般に高い音域が聞こえにくくなって，耳（**図 2.11**，**図 2.12**）が聞こえにくくなっていく。

高周波数の音域が聞き取りにくい現象は，比較的多くの人が発症しやすい老化現象のひとつである。いわゆる老人性難聴は，老化に伴い発症する高周波数の音域の信号が受信しにくくなる病気である。高周波数域 7,500 ヘルツ以上にあたる高いレベルの音を聞きとる能力に低下が見られるようになる。内耳には「蝸牛」というカタツムリのような形の器官がある。その内側には，毛が生えたような「有毛細胞」がある。この有毛細胞が音の振動を電気信号に変換し，神経から脳へと伝わることで音が聞こえるメカニズムである。この有毛細胞が加齢とともに弱くなり，信号が神経に伝わりにくくなる。加齢に伴い，内耳蝸牛の感覚細胞が障がいを受けたり，内耳から脳まで音を伝える神経経路や中枢

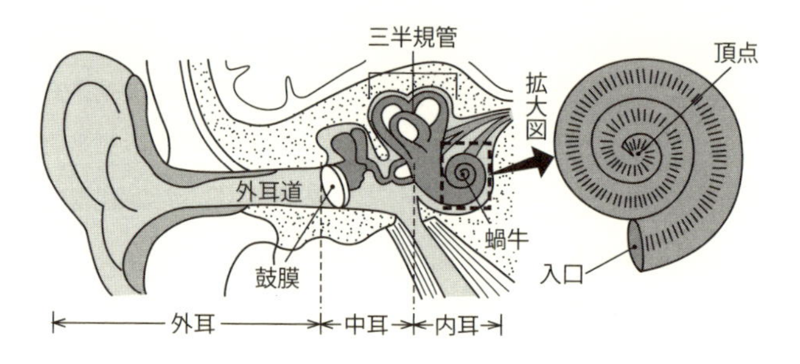


**図 2.11　耳の構造**

蝸牛の入口付近は高い音に，頂点付近は低い音に反応する。加齢に伴い入口付近の有毛細胞から変化していくため，高い音から聞き取りにくくなる。[山田養蜂場ホームページ（http://www.bee-lab.jp/kikitori/learning/）より改変]

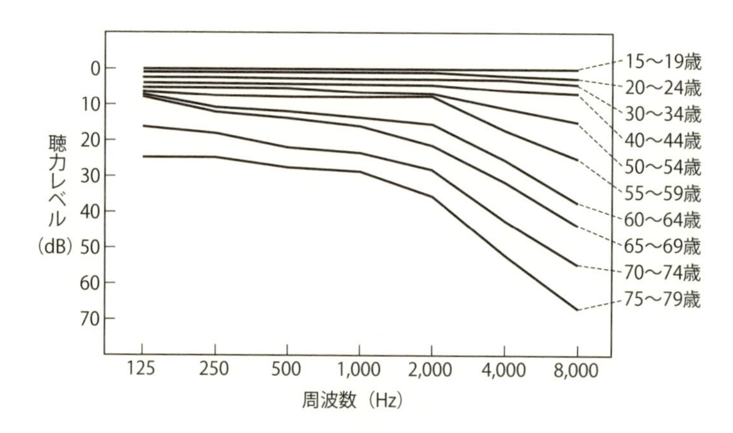


**図 2.12　聴力の年齢変化**

15～19 歳を 0 db とした場合の変化を示す。[福ナビ・ホームページ（http://www.fukunavi.or.jp/fukunavi/kiki/choukaku/choukaku_02.html）より改変]

神経系に障がいが現われたりする。また，内耳蝸牛の血管部に障がいが起こったり，内耳内での音の伝達が悪くなったりもする。これらが単独または複合的に重なることで，老人性難聴が発生するものと考えられている。耳は加齢に伴い老化を招く器官の代表といわれる。平均的に 50 歳代以降で徐々に発症して，やや進行が早い人は 40 歳代前半から耳の老化が始まるといわれており，注意が必要である。

参考までに，高周波数で聞き取りにくくなる音の例としては，電子レンジのアラーム音，洗濯機のアラーム音，体温計のアラーム音，玄関のインターフォンの音，音域が高い人の話し声，動物や虫の声などがある。

耳の老化現象を招く原因には外的環境要因もある。耳の老化をもたらす最大の要因のひとつに，騒音などの環境面の要因があげられる。耳の老化現象の発症年代を性別で比較すると，男性が女性よりも早く老化する傾向がある。近年は女性の社会進出が国家的政策になりつつある。しかし，従前の労働環境をふり返ると，やはり男性のほうが社会の騒音に囲まれた空間で過ごす時間が長い傾向にあり，労働環境などの環境外的要因が耳の老化現象につながる。騒音で耳の老化が進む原因として，有毛細胞の破壊がひとつの大きな原因として考えられている。

### 2.1.9　皮膚の変化

加齢につれて，表皮と真皮は薄くなる。あわせて，その下の脂肪層も減る。3層ある皮膚層（**図 2.13**）の容積が全体的に減少し，それらの有効性が総合的に低下し，医学的に重要な影響が多数出てくる。皮膚に分布する神経終末の数

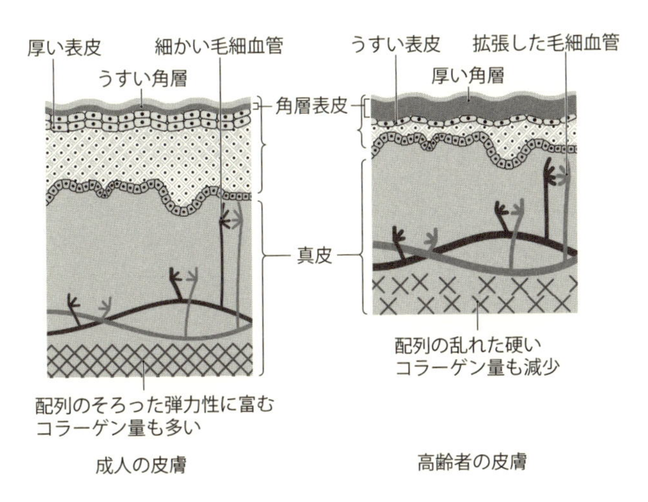


**図 2.13　高齢者の皮膚の変化**
［間宮直子氏（済生会吹田病院）の原図をもとに改変］

も減り，皮膚の感覚も鈍化していく。あわせて，皮膚の弾力性の低下，皮脂などの不可欠な脂の産生が減り，皮膚が乾燥していく。メラニン細胞の数も加齢に伴って減り，紫外線に対する防護力も低下する。さらには，汗腺や血管の数も同様に少なくなり，高齢者は外気温への皮膚の反応力が総じて落ちる。加齢に伴う皮膚のダメージは大きい。

問題は，加齢による皮膚の変化の多くは太陽光線が直接の原因となっている点である。太陽光線に含まれる紫外線に長く触れると，皮膚の深い皺や不規則な色素沈着，赤や茶のしみの発生につながり，皮膚のきめが粗くなることもある。

### 2.1.10　呼吸器の変化

加齢すると，肺活量が低下して結果的に息切れが起きやすくなる傾向がある。

われわれ人間は，加齢すると誰でも背筋力が低下する。ゆえに背筋をまっすぐに維持することが難しくなり，結果，背中が徐々に丸くなる。そして，肺を取り囲む胸郭の形状が変化するために，肺（**図 2.14**，**図 2.15**）にも影響が及ぶ。同時に，肺の機能弱体の変化も起きる。「1 秒量」（深く息を吸い込み最初の 1 秒間に吐き出された空気量）を測定すると，25 歳を過ぎたころからこれが徐々

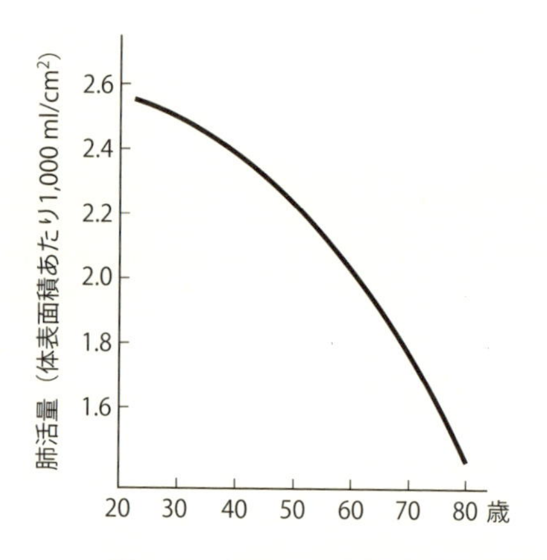


**図 2.14　肺活量の年齢的変化**

［慶應義塾大学ホームページ（http://gc.sfc.keio.ac.jp/class/2004_21094/slides/02/index_68.html）より改変］

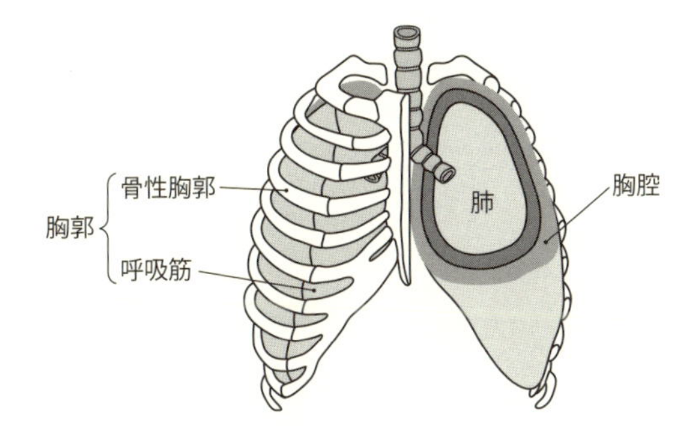


**図 2.15　肺と胸郭**

［ナースフル・ホームページ（https://nurseful.jp/career/nursefulshikkanbetsu/pulmonology/section_0_01/）より改変］

に低下していく。特に病気をしなくても 120 歳程度で生命を維持する限界に至ると考えられ，近年マスコミで取り上げられる限界寿命のひとつの根拠になっている。同様に「肺活量」も加齢とともに少しずつ減少していく。加齢による肺機能の低下は不可避といえる。

こうした生理的な変化に加えて，タバコや大気汚染，ウイルスや細菌感染などの外界からの刺激が，呼吸器の老化に拍車をかけている。加齢による生理的な変化は不可避であるが，こうした外的な刺激因子の回避は可能であり，将来の都市生活環境を検討して実際に具現化していくわれわれが意識する必要がある。

### 2.1.11　循環器（心臓・血管）の変化

加齢に伴い，心臓や血管などのいわゆる循環器（**図 2.16**）も一般に機能が低下する。心臓や血管（動脈や静脈）などの循環器は，全身に血液を供給するシステムであるため，身体のなかでもとても重要である。心臓はポンプの役目を担い，血管は心臓から送られる血液を流す役目を担う。加齢で，心臓や血管の機能自体が低下するので，病気も起こりやすくなる。加齢を伴うことで，おおむね次のような心臓の変化がある。

・心臓肥大や間質（心筋と心筋の間のところ）の線維化 → 拡張障がいや心不全の原因

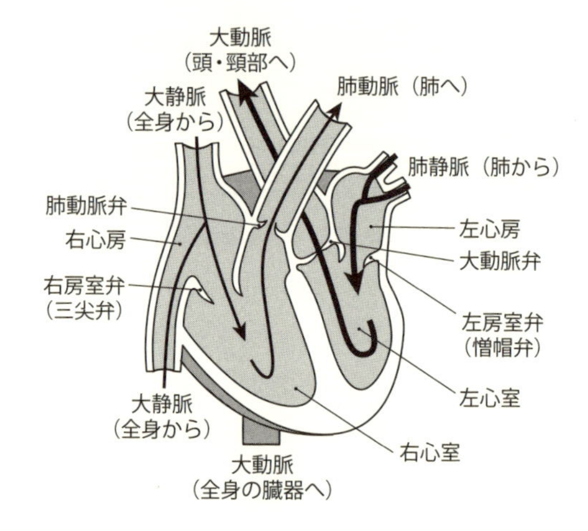


**図2.16　心臓の4つの部屋と血流**

［介護のプロ道場ホームページ（http://kaigopro-dojyo.com/?p=1130）より改変］

・弁の変性や弁尖の肥厚化または石灰化 → 狭窄症などの弁膜症や閉鎖不全症の原因

・心房の拡大 → 心房細動の原因

・心臓弁周囲の拡大 → 心臓弁膜症の原因

・刺激伝導系の変性 → 房室ブロックや脚ブロックなどの原因

・拡張機能の低下 → 心不全の原因

・運動時に心臓から駆出される血液量低下 → 運動耐久能力低下や心不全の原因

・上記の複数の変化が重複発生 → 別の心臓や血管の病（狭心症や高血圧）の原因

むろん，血管も老化する。動脈や細動脈の壁が厚くなり，動脈の内腔がわずかに広がる。われわれは加齢すると，動脈と細動脈の弾力性が失われ，心臓が周期的に血液を送り出す際にすばやい拡張ができなくなる。加齢すると，高血圧にもなりがちである。全身に必要な血液を循環させるうえで高い血圧が必要だからである。

血管の弾力性がなくなり，血管の状態が変わり，血液が流れにくくなると，より高い血圧が要求される。そして，ポンプを担う心臓に負担がかかり，血管壁にも無理が生じて，最終的には循環器病（心臓血管病）が起こりやすくなるのである。血圧と心臓血管系は，まさしく鶏と卵の関係に似ていると覚えておこう。

### 2.1.12　消化器の変化

消化器官（口・のど・食道・胃・小腸・大腸・直腸・肛門。消化器系というと膵臓・肝臓・胆嚢も含む）（図 2.17）は，食べ物の摂取 → 消化して栄養を吸収 → 残りを体外へ排出する，という口から肛門までの器官の総称である。消化器系は多くの予備構造を備えている。ゆえに加齢による機能低下は，他の臓器系と比較しても少ない。

ところが，加齢すると消化液の分泌が減り，それにより胃腸などのぜん動運動の低下が見られ，あわせて胃酸や胆汁，膵液の分泌低下も起こる。食道は，加齢で収縮力が低下し，上部食道括約筋が弱まり，高齢者は食道の収縮を妨げる病にかかりやすくなる。胃は，加齢で抵抗力が弱まり，消化性潰瘍のリスクが増加する。胃の弾力性が低下するため，大量の食べ物を受けつけられなくな

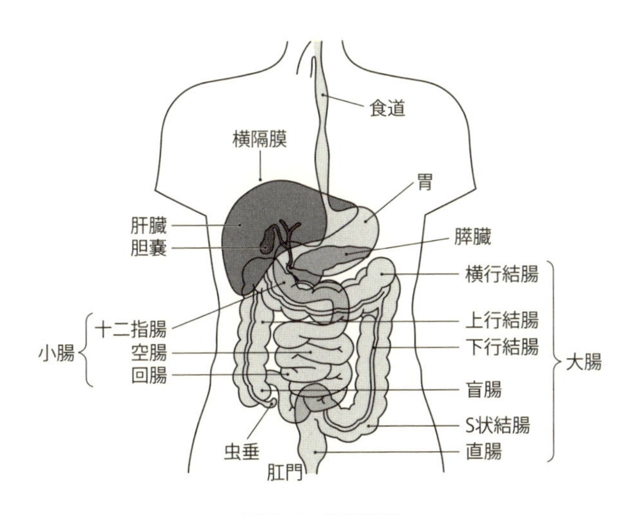


**図 2.17　消化器系**

［コトバンク・ホームページ「消化器」（https://kotobank.jp/word/%E6%B6%88%E5%8C%96%E5%99%A8-78898）より改変］

り，小腸に食べ物を送り出す速度も低下していく。胃酸の分泌を減少させる萎縮性胃炎なども増える。大腸と直腸については，加齢で筋肉の収縮力が衰え，便秘が起こりやすくなる。消化酵素が加齢で低下して消化不良になり，大腸の運動量の低下も影響し便秘になりやすい。小腸では，ラクターゼの濃度が低下し，乳製品をうまく消化できない人が増える。さらに細菌が小腸内で繁殖しやすくなり，腹部膨満や体重減少が増える。鉄や葉酸やカルシウムなどの栄養素吸収率も低下する。

### 2.1.13　泌尿器の変化

加齢すると，前立腺肥大や尿路感染症，腎不全になる可能性が高まる（**図2.18**，**図2.19**）。前立腺肥大は高齢男性に見られ，肥大が著しい場合には排尿障がいとなる。逆に，尿路感染症（起こった場所により，腎盂炎・膀胱炎・尿道炎などがある）は高齢女性に多く見られる。とりわけ膀胱炎が多い。大腸菌やブドウ球菌，腸球菌などが原因となり，原因菌が尿道から膀胱に入り，膀胱炎の炎症を起こす。トイレ回数増加や排尿の際の痛みの発生，尿の濁りなどの症状が現われてくるのが特徴である。

腎不全には急性腎不全と慢性腎不全がある。慢性腎不全は腎臓に関するいろ

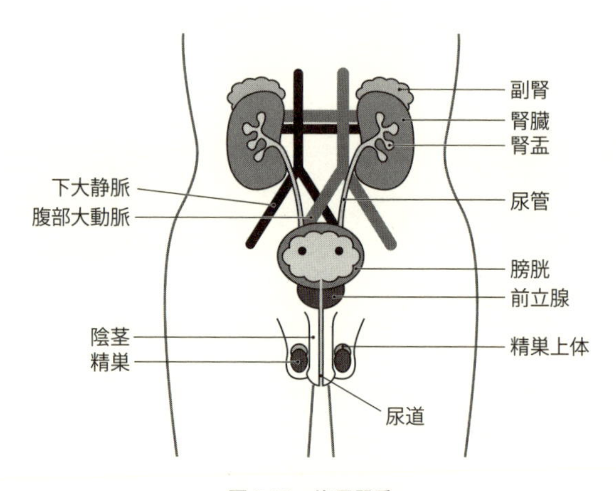


**図2.18　泌尿器系**

［竹迫医院ホームページ（http://www.seiryo-t.or.jp/takesako/hinyoukika/sinryo.html）より改変］

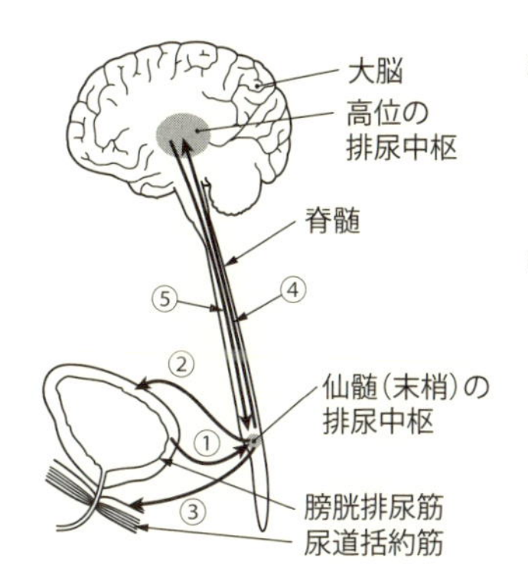


末梢神経系
① 膀胱がいっぱいになったことを伝える
② 膀胱排尿筋に収縮するように命令する
③ 尿道括約筋に弛緩するように命令する

中枢神経系
④ 大脳中枢に膀胱がいっぱいになったことを伝える
⑤ 脊髄中枢に排尿の許可を伝える

**図 2.19　排尿のメカニズム**

［goo ヘルスケア・ホームページ（http://health.goo.ne.jp/medical/10270100）より改変］

いろな病気が原因である。慢性腎不全になると，腎臓の糸球体という血液をろ過する部分が破壊され，機能が失われる。腎臓の機能が健康な人に比べ 30 % 以下になると慢性腎不全で，原因でいちばん多いのが糖尿病で，2 番目が慢性糸球体腎炎である。

### 2.1.14　心理面などの内面の変化

加齢すると，精神機能と知的能力の低下が顕著になってくる（**図 2.20**）。感情面や人格面では，頑固と保守的な傾向が強くなる。人に対しては厳しくなり，疑いやすくなる。さらに死が近づくことから，自分自身の健康状態への関心が異常に高まる。記憶については，新しいことを覚えるのが困難になる。過去の体験についても物忘れが顕著になる。注意力や集中力の保持も難しくなり，判断力も鈍っていく。中枢神経系にも加齢でさまざまな変化が起きる。それらに伴って，心理的な要因や環境の要因，身体的要因などが加わって，高齢者の精神機能の症状が出現していく。

知的能力は，健康な高齢者では劣えていく傾向は小さく，高齢まで維持される。しかし，一般に認知症を伴う疾患であれば，知能の低下が全面的に症状として現われる。アルツハイマー型認知症になると，記憶機能の低下が病気の初期に現われ，病気が進行するにつれて人格の変化も見られる。一般にいう認知

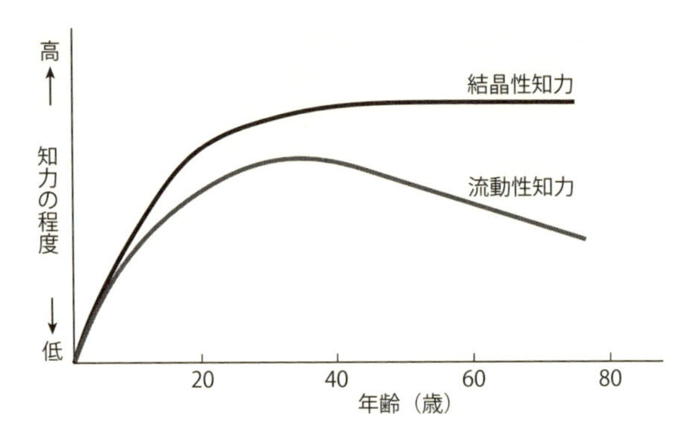


**図 2.20　知能の加齢による低下**

結晶性知力とは生活経験などによって培われた判断力などを，流動性知力とは短期記憶や瞬発力を要する学習などをいう。流動性知力は加齢とともに低下していくが，一方の結晶性知力は低下しにくく，うまく制御すれば上昇も期待できると考えられている。［宇都宮大学ホームページ（http://shusho.utsunomiya-u.ac.jp/students_f.html）より改変］

症になると，頑固・社会性欠如・我侭という特徴がある。初老期・老年期のうつ病者も少なからずいるが，性格傾向の中心として執着性格が強まることが知られる。

こうして加齢すると，心身のさまざまな部分に支障が生じてくる。社会環境の中で過ごす基本的な身体能力の欠如が，身体の各部位で派生する。いっそう疲れやすくなるし，上記の身体的傾向を総合的に加味しながら福祉環境をつくる必要がある。

## 2.2　障がいの特性と障がい者の特徴

### 2.2.1　概論

次に，障がいの種類とその特性について見たい。内閣府の『平成25年障がい者白書』によると，身体障がい・知的障がい・精神障がいの3区分で障がい者数を分類すると，身体障がい者が366万3千人，知的障がい者が54万7千人，精神障がい者が320万1千人となっている。人口1,000人あたりの人数に直すと，身体障がい者29人，知的障がい者4人，精神障がい者25人となる。複合的障がいをあわせもつ方々もいるが，単純計算で国民の6％は何らかの障がいをもつ計算になる。身体障がい者の大分類とその人口は**表 2.1** のとおりに整理されるが，「身体障がい」と一言でいっても，**表 2.2** の身体障がいの等級表を見ればわかるように，詳細に分類される。以下では，それぞれの障がいの種類と特性について整理する。

### 2.2.2　視覚障がい

視覚障がいは，視力や視野に障がいがあり，生活に支障を来たしている状態をいう。具体的には，眼鏡をかけて一定以上の視力が出ない状態，視野がせま

**表 2.1　身体障がい者の大分類とその人口**

| | | 総数（万人） | 在宅者（万人） | 施設入所者（万人） |
|---|---|---|---|---|
| 身体障がい児・者 | 18歳未満 | 9.8 | 9.3 | 0.5 |
| | 18歳以上 | 356.4 | 348.3 | 8.1 |
| | 合計 | 366.3（29人） | 357.6（28人） | 8.7（1人） |
| 知的障がい児・者 | 18歳未満 | 12.5 | 11.7 | 0.8 |
| | 18歳以上 | 41.0 | 29.0 | 12.0 |
| | 年齢不詳 | 1.2 | 1.2 | 0.0 |
| | 合計 | 54.7（4人） | 41.9（3人） | 12.8（1人） |
| | | 総数（万人） | 外来患者（万人） | 入院患者（万人） |
| 精神障がい者 | 20歳未満 | 17.9 | 17.6 | 0.3 |
| | 20歳以上 | 301.1 | 269.2 | 31.9 |
| | 年齢不詳 | 1.1 | 1.0 | 0.1 |
| | 合計 | 320.1（25人） | 287.8（22人） | 32.3（3人） |

（注）括弧内の数字は総人口1,000人あたりの人数（平成17年国勢調査人口による。精神障がい者については平成22年国勢調査人口による）。精神障がい者の数は，ICD10（国際疾病分類第10版）の「Ⅴ精神及び行動の障がい」から精神遅滞を除いた数に，てんかんとアルツハイマーの数を加えた患者数に対応している。身体障がい児・者の施設入所者数には高齢者関係施設入所者は含まれていない。四捨五入で人数を出しているため，合計が一致しない場合がある。

（資料）「身体障がい者」在宅者：厚生労働省「身体障がい児・者実態調査」（平成18年），施設入所者：厚生労働省「社会福祉施設等調査」（平成18年）など。「知的障がい者」在宅者：厚生労働省「知的障がい児（者）基礎調査」（平成17年），施設入所者：厚生労働省「社会福祉施設等調査」（平成17年）。「精神障がい者」外来患者：厚生労働省「患者調査」（平成23年）より厚生労働省社会・援護局障害保健福祉部で作成，入院患者：厚生労働省「患者調査」（平成23年）より厚生労働省社会・援護局障害保健福祉部で作成。

［出典：内閣府ホームページ（http://www8.cao.go.jp/shougai/whitepaper/h25hakusho/zenbun/h1_01_01_01.html）］

表 2.2　身体障がいの等級表

［出典：厚生労働省ホームページ（http://www.mhlw.go.jp/bunya/shougaihoken/shougaishatechou/dl/toukyu.pdf）］

**身体障害者障害程度等級表（身体障害者福祉法施行規則別表第5号）**

| 級別 | 視覚障害 | 聴覚又は平衡機能の障害 | | 音声機能、言語機能又はそしゃく機能の障害 | 肢体不自由 | | | | | 心臓、じん臓若しくは呼吸器又はぼうこう若しくは直腸、小腸、ヒト免疫不全ウイルスによる免疫若しくは肝臓の機能の障害 | | | | | | |
|---|---|---|---|---|---|---|---|---|---|---|---|---|---|---|---|---|
| | | 聴覚障害 | 平衡機能障害 | | 上肢 | 下肢 | 体幹 | 乳幼児期以前の非進行性の脳病変による運動機能障害 | | 心臓機能障害 | じん臓機能障害 | 呼吸器機能障害 | ぼうこう又は直腸の機能障害 | 小腸機能障害 | ヒト免疫不全ウイルスによる免疫機能障害 | 肝臓機能障害 |
| | | | | | | | | 上肢機能 | 移動機能 | | | | | | | |
| 1級 | 両眼の視力（万国式試視力表によって測ったものをいい、屈折異常のある者については、きょう正視力について測ったものをいう。以下同じ。）の和が0.01以下のもの | | | | 1 両上肢の機能を全廃したもの<br>2 両上肢を手関節以上で欠くもの | 1 両下肢の機能を全廃したもの<br>2 両下肢を大腿の2分の1以上で欠くもの | 体幹の機能障害により坐っていることができないもの | 不随意運動・失調等により上肢を使用する日常生活動作がほとんど不可能なもの | 不随意運動・失調等により歩行が不可能なもの | 心臓の機能の障害により自己の身辺の日常生活活動が極度に制限されるもの | じん臓の機能の障害により自己の身辺の日常生活活動が極度に制限されるもの | 呼吸器の機能の障害により自己の身辺の日常生活活動が極度に制限されるもの | ぼうこう又は直腸の機能の障害により自己の身辺の日常生活活動が極度に制限されるもの | 小腸の機能の障害により自己の身辺の日常生活活動が極度に制限されるもの | ヒト免疫不全ウイルスによる免疫の機能の障害により日常生活がほとんど不可能なもの | 肝臓の機能の障害により日常生活活動がほとんど不可能なもの |
| 2級 | 1 両眼の視力の和が0.02以上0.04以下のもの<br>2 両眼の視野がそれぞれ10度以内でかつ両眼による視野について視能率による損失率が95パーセント以上のもの | 両耳の聴力レベルがそれぞれ100デシベル以上のもの（両耳全ろう） | | | 1 両上肢の機能の著しい障害<br>2 両上肢のすべての指を欠くもの<br>3 一上肢を上腕の2分の1以上で欠くもの<br>4 一上肢の機能を全廃したもの | 1 両下肢の機能の著しい障害<br>2 両下肢を下腿の2分の1以上で欠くもの | 1 体幹の機能障害により坐位又は起立位を保つことが困難なもの<br>2 体幹の機能障害により立ち上がることが困難なもの | 不随意運動・失調等により上肢を使用する日常生活動作が極度に制限されるもの | 不随意運動・失調等により歩行が極度に制限されるもの | | | | | | ヒト免疫不全ウイルスによる免疫の機能の障害により日常生活が極度に制限されるもの | 肝臓の機能の障害により日常生活活動が極度に制限されるもの |
| 3級 | 1 両眼の視力の和が0.05以上0.08以下のもの<br>2 両眼の視野がそれぞれ10度以内でかつ両眼による視野について視能率による損失率が90パーセント以上のもの | 両耳の聴力レベルが90デシベル以上のもの（耳介に接しなければ大声語を理解し得ないもの） | 平衡機能の極めて著しい障害 | 音声機能、言語機能又はそしゃく機能の喪失 | 1 両上肢のおや指及びひとさし指を欠くもの<br>2 両上肢のおや指及びひとさし指の機能を全廃したもの<br>3 一上肢の機能の著しい障害<br>4 一上肢のすべての指を欠くもの<br>5 一上肢のすべての指の機能を全廃したもの | 1 両下肢をショパー関節以上で欠くもの<br>2 一下肢を大腿の2分の1以上で欠くもの<br>3 一下肢の機能を全廃したもの | 体幹の機能障害により歩行が困難なもの | 不随意運動・失調等により上肢を使用する日常生活動作が著しく制限されるもの | 不随意運動・失調等により歩行が家庭内での日常生活活動に制限されるもの | 心臓の機能の障害により家庭内での日常生活活動が著しく制限されるもの | じん臓の機能の障害により家庭内での日常生活活動が著しく制限されるもの | 呼吸器の機能の障害により家庭内での日常生活活動が著しく制限されるもの | ぼうこう又は直腸の機能の障害により家庭内での日常生活活動が著しく制限されるもの | 小腸の機能の障害により家庭内での日常生活活動が著しく制限されるもの | ヒト免疫不全ウイルスによる免疫の機能の障害により日常生活が著しく制限されるもの（社会での日常生活活動が著しく制限されるものを除く。） | 肝臓の機能の障害により日常生活活動が著しく制限されるもの（社会での日常生活活動が著しく制限されるものを除く。） |

| 級別 | 視覚障害 | 聴覚又は平衡機能の障害 | | 音声機能、言語機能又はそしゃく機能の障害 | 肢体不自由 | | | | | 心臓、じん臓若しくは呼吸器又はぼうこう若しくは直腸、小腸、ヒト免疫不全ウイルスによる免疫若しくは肝臓の機能の障害 | | | | | | |
|---|---|---|---|---|---|---|---|---|---|---|---|---|---|---|---|---|
| | | 聴覚障害 | 平衡機能障害 | | 上肢 | 下肢 | 体幹 | 乳幼児期以前の非進行性の脳病変による運動機能障害 | | 心臓機能障害 | じん臓機能障害 | 呼吸器機能障害 | ぼうこう又は直腸の機能障害 | 小腸機能障害 | ヒト免疫不全ウイルスによる免疫機能障害 | 肝臓機能障害 |
| | | | | | | | | 上肢機能 | 移動機能 | | | | | | | |
| 4級 | 1　両眼の視力の和が0.09以上0.12以下のもの<br>2　両眼の視野がそれぞれ10度以内のもの | 1　両耳の聴力レベルがそれぞれ 80デシベル以上のもの（耳介に接しなければ話声語を理解し得ないもの）<br>2　両耳による普通話声の最良の語音明瞭度が50パーセント以下のもの | | 音声機能、言語機能又はそしゃく機能の著しい障害 | 1　両上肢のおや指を欠くもの<br>2　両上肢のおや指の機能を全廃したもの<br>3　一上肢の肩関節、肘関節又は手関節のうち、いずれか一関節の機能を全廃したもの<br>4　一上肢のおや指及びひとさし指を欠くもの<br>5　一上肢のおや指及びひとさし指の機能を全廃したもの<br>6　おや指又はひとさし指を含めて一上肢の三指を欠くもの<br>7　おや指又はひとさし指を含めて一上肢の三指の機能を全廃したもの<br>8　おや指又はひとさし指を含めて一上肢の四指の機能の著しい障害 | 1　両下肢のすべての指を欠くもの<br>2　両下肢のすべての指の機能を全廃したもの<br>3　一下肢を下腿の2分の1以上で欠くもの<br>4　一下肢の機能の著しい障害<br>5　一下肢の股関節又は膝関節の機能を全廃したもの<br>6　一下肢が健側に比して10センチメートル以上又は健側の長さの10分の1以上短いもの | | 不随意運動・失調等による上肢の機能障害により社会での日常生活活動が著しく制限されるもの | 不随意運動・失調等により社会での日常生活活動が著しく制限されるもの | 心臓の機能の障害により社会での日常生活活動が著しく制限されるもの | じん臓の機能の障害により社会での日常生活活動が著しく制限されるもの | 呼吸器の機能の障害により社会での日常生活活動が著しく制限されるもの | ぼうこう又は直腸の機能の障害により社会での日常生活活動が著しく制限されるもの | 小腸の機能の障害により社会での日常生活活動が著しく制限されるもの | ヒト免疫不全ウイルスによる免疫の機能の障害により社会での日常生活活動が著しく制限されるもの | 肝臓の機能の障害により社会での日常生活活動が著しく制限されるもの |
| 5級 | 1　両眼の視力の和が0.13以上0.2以下のもの<br>2　両眼による視野の2分の1以上が欠けているもの | | 平衡機能の著しい障害 | | 1　両上肢のおや指の機能の著しい障害<br>2　一上肢の肩関節、肘関節又は手関節のうち、いずれか一関節の機能の著しい障害<br>3　一上肢のおや指を欠くもの<br>4　一上肢のおや指の機能を全廃したもの<br>5　一上肢のおや指及びひとさし指の機能の著しい障害<br>6　おや指又はひとさし指を含めて一上肢の三指の機能の著しい障害 | 1　一下肢の股関節又は膝関節の機能の著しい障害<br>2　一下肢の足関節の機能を全廃したもの<br>3　一下肢が健側に比して5センチメートル以上又は健側の長さの15分の1以上短いもの | 体幹の機能の著しい障害 | 不随意運動・失調等による上肢の機能障害により社会での日常生活活動に支障のあるもの | 不随意運動・失調等により社会での日常生活活動に支障のあるもの | | | | | | | |

| 級別 | 視覚障害 | 聴覚又は平衡機能の障害 | | 音声機能、言語機能又はそしゃく機能の障害 | 肢体不自由 | | | | | 心臓、じん臓若しくは呼吸器又はぼうこう若しくは直腸、小腸、ヒト免疫不全ウイルスによる免疫若しくは肝臓の機能の障害 | | | | | | |
|---|---|---|---|---|---|---|---|---|---|---|---|---|---|---|---|---|
| | | 聴覚障害 | 平衡機能障害 | | 上肢 | 下肢 | 体幹 | 乳幼児期以前の非進行性の脳病変による運動機能障害 | | 心臓機能障害 | じん臓機能障害 | 呼吸器機能障害 | ぼうこう又は直腸の機能障害 | 小腸機能障害 | ヒト免疫不全ウイルスによる免疫機能障害 | 肝臓機能障害 |
| | | | | | | | | 上肢機能 | 移動機能 | | | | | | | |
| 6級 | 一眼の視力が0.02以下、他眼の視力が0.6以下のもので、両眼の視力の和が0.2を超えるもの | 1　両耳の聴力レベルが70デシベル以上のもの（40センチメートル以上の距離で発声された会話語を理解し得ないもの）<br>2　一側耳の聴力レベルが90デシベル以上、他側耳の聴力レベルが50デシベル以上のもの | | | 1　一上肢のおや指の機能の著しい障害<br>2　ひとさし指を含めて一上肢の二指を欠くもの<br>3　ひとさし指を含めて一上肢の二指の機能を全廃したもの | 1　一下肢をリスフラン関節以上で欠くもの<br>2　一下肢の足関節の機能の著しい障害 | | 不随意運動・失調等による上肢の機能の劣るもの | 不随意運動・失調等により移動機能の劣るもの | | | | | | | |
| 7級 | | | | | 1　一上肢の機能の軽度の障害<br>2　一上肢の肩関節、肘関節又は手関節のうち、いずれか一関節の機能の軽度の障害<br>3　一上肢の手指の機能の軽度の障害<br>4　ひとさし指を含めて一上肢の二指の機能の著しい障害<br>5　一上肢のなか指、くすり指及び小指を欠くもの<br>6　一上肢のなか指、くすり指及び小指の機能を全廃したもの | 1　両下肢のすべての指の機能の著しい障害<br>2　一下肢の機能の軽度の障害<br>3　一下肢の股関節、膝関節又は足関節のうち、いずれか一関節の機能の軽度の障害<br>4　一下肢のすべての指を欠くもの<br>5　一下肢のすべての指の機能を全廃したもの<br>6　一下肢が健側に比して3センチメートル以上又は健側の長さの20分の1以上短いもの | | 上肢に不随意運動・失調等を有するもの | 下肢に不随意運動・失調等を有するもの | | | | | | | |
| 備考 | 1　同一の等級について二つの重複する障害がある場合は、一級うえの級とする。ただし、二つの重複する障害が特に本表中に指定せられているものは、該当等級とする。<br>2　肢体不自由においては、7級に該当する障害が2以上重複する場合は、6級とする。<br>3　異なる等級について二つ以上の重複する障害がある場合については、障害の程度を勘案して当該等級より上位の等級とすることができる。<br>4　「指を欠くもの」とは、おや指については指骨間関節、その他の指については第一指骨間関節以上を欠くものをいう。<br>5　「指の機能障害」とは、中手指節関節以下の障害をいい、おや指については、対抗運動障害をも含むものとする。<br>6　上肢又は下肢欠損の断端の長さは、実用長（上腕においては腋窩より、大腿においては坐骨結節の高さより計測したもの）をもって計測したものをいう。<br>7　下肢の長さは、前腸骨棘より内くるぶし下端までを計測したものをいう。 | | | | | | | | | | | | | | | |

くなって人や物にぶつかる状態などを指す。表2.2のように視覚障がいは，視機能の矯正視力（近視や乱視などの矯正眼鏡をしたときの視力や視野の程度）で，1級から6級に分けられる（**図2.21**）。視野は，視線を真直ぐで動かさない状態で見える範囲をいう。視覚障がいは視覚活用の程度で，「盲」と「弱視」に分かれる。

盲は，視覚的な情報をまったく，あるいは，ほとんど得られない人々である。ただし，盲にもさまざまな人々がいる。たとえば全員が視力ゼロというわけではない。明暗の区別ができる人，目の前に出された指の数がわかる人など，一般化はきわめて困難な状況である。先天的なものを含めて早期に失明した場合は，文字の読み書きには点字を用いる。単独で移動する際には，白杖または盲導犬を使用する場合が多い。

視覚障がいには，中途失明で盲になる場合も少なくない（**図2.22**）。思春期から青年期に急激な視野障がいや視力低下を起こす疾患もあり，中学から大学にかけ在学中に盲になる人も多い。こうした場合は現実を受けとめられず，心理的不安定に陥りがちである。在学者に限ったことではないが，そうした心理的不安定に急遽陥ることで，中途失明では読み書きや移動が異様に困難となる場合がある。

一方で，弱視（ロービジョン）の人々は，視力や視野などの視機能低下が原

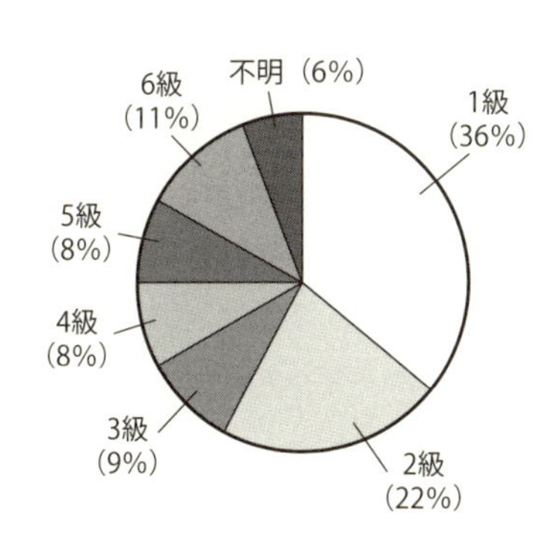


**図2.21　視覚障がいの等級別割合**

［mapleblossom ホームページ「視覚障害とは？」(http://www004.upp.so-net.ne.jp/t_t_chopper/newpage2.htm) より改変］

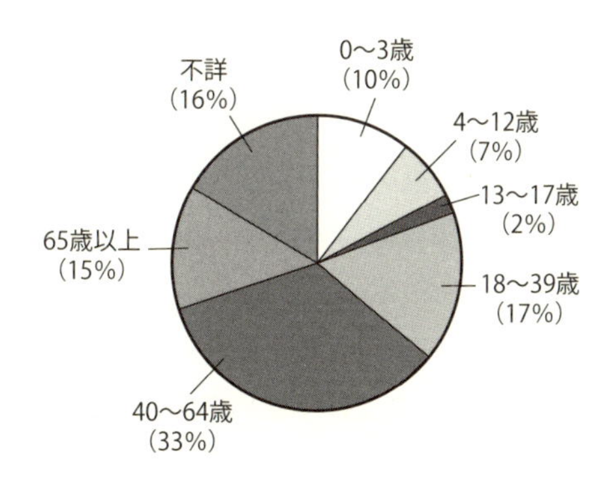


**図2.22　視覚障がい発生時の年齢分布**

［mapleblossom ホームページ「視覚障害とは？」(http://www004.upp.so-net.ne.jp/t_t_chopper/newpage2.htm) より改変］

因で，読み書きや移動などの生活機能に継続的困難を伴う状態のことを指す。視野がせまい，眩しさがあるなどの見えにくさを抱える。弱視は裸眼視力が0.3以下，かつどのような矯正を試みても0.4以上の視力が得られない眼をいう。そして，視力以外の視機能障がいが高度な場合も含まれる。有する視力を活用して，墨字（点字に対し，通常の文字を総称して墨字という）を使用しての生活が可能な状態である。ルーペや単眼鏡などの弱視レンズ，拡大読書器などの使用，印刷物やパソコン・タブレット端末・スマートフォンなどの画面を拡大して利用するなど，網膜像を拡大しながら読む行為を行なう。最近では，移動時に白杖を利用しないケースも多い。ただし，弱視の人が実生活のなかで見えにくいものは多々あり，配慮が必要になる。

弱視の人の特徴としては以下のようなものがある。

・明るさ：　天候や時間帯で見やすさがちがう。周りが暗いと，見えないことがある。一方で，周りが明るいと，まぶしくて見えづらいこともある。

・コントラスト：　似たような色の区別がつきにくい。

・大きさや距離の感覚：　対象が小さかったり遠かったり，また逆に，大きかったり近かったりすると，見づらくなる。

・時間（移動か静止か）：　対象が動いていると見づらい。

重要な点は，実際には，盲と弱視でその対応を容易に決められない事実である。重度の弱視者のなかにも，学習の効率や将来の視力の見通しなどで点字を使う人もいる。白杖も常時使用者がいる一方で，自分にとって不慣れな場所や混雑した場所，暗い場所でのみしか使わないという人も存在する。視覚障がい者の主な支援ニーズは，「文字情報へのアクセスに関すること」と「環境把握・空間認知と移動に関すること」の2点に集約されるので，われわれはここに注力の必要がある。

### 2.2.3　聴覚または平衡機能の障がい

一般的に，補聴器などを付けても音声が判別できない場合を「ろう者」，残存聴力を活用してある程度聞き取れる人を「難聴者」という。あわせて，聴覚障がい（**図2.23**）は，鼓膜などの音を聞き取る器官に障がいがある「伝音性難聴」，聞き取った音を脳に伝える聴覚神経部に障がいがある「感音性難聴」に大別さ

| 聴力レベル(dB) | 両耳 | 1側耳 | 他側耳 | 実際の声や音のたとえ | |
|---|---|---|---|---|---|
| 50 | | | | ■ 普通の会話 | 普通の会話がやっと聞きとれる |
| 60 | | | | | |
| 70 | 6級 | | | ■ 大声の会話 | 大声での会話がどうにかできる |
| 80 | 4級 | | | | |
| 90 | 3級 | 6級 | | | |
| 100 | 2級 | | | ■ 叫び声<br>■ 30cmの近さでの大きな声<br>■ 上空通過の飛行機<br>■ 30cmの近さでのサイレン（痛みを感じる） | かなり大きな音ならどうにか感じることができる |
| 110 | | | | | |
| 120 | | | | | |
| 130 | | | | | |
| 140 | | | | | |

**図 2.23　聴覚障がいのレベル**

［リオネット補聴器ホームページ（http://www.rionet.jp/product/all/hearingaid/law/）より改変］

れる。同じ聞き取り程度でも，その聞こえ方に大きなちがいが生じる。「伝音性難聴」は音が聞き取りにくい状態である。ゆえに，情報が正しく脳に伝わるために，補聴器や人工内耳を付ければ聞き分けることが可能になる。注意が必要なことは，音が大きければ聞きとりやすいわけではないという点である。眼鏡と同じ感覚で考えると，聞き取り状態に合った補聴器を調整してあげることが必要ということである。大きさや高さなど，音が聞きとりやすいように工夫して調整することが重要である。

一方で，「感音性難聴」は，音を情報として脳に伝える神経そのものに障がいがある点がポイントである。ゆえに，補聴器などの聞こえの調整器具を付けても音を感じるだけで，具体的な識別がしにくい。人によって，音を情報として脳に伝える神経がどのような状態にあるかは大きく異なる。そのため，まったく判別できず雑音にしか認識できない人もいれば，補聴器などの調整器具を有効に使うことで，ある程度，音を判別できる人までさまざまである。伝音性難聴と感音性難聴の複合障がいの人もいる。聴覚障がい者は，外見から障がいの存在を判断にくい。ゆえに周囲から誤解されることも多い。その障がいの種類や状況，生まれつきか幼少時の失聴か，ある程度成長してからの失聴か，で対応がまったく異なってくる。

聴覚障がい者は，先天性または幼少時の失聴者と言語獲得後の失聴者という二分類もできる。先天性または幼少時の失聴者の場合は，言語の獲得で問題が起きる。健聴の子どもは，乳児期から親や周囲の人々の会話，音声から自然に言語を獲得する。聴覚障がい児はそれができないため，読話および発語などの口話によるもの，手話によるもの，残存聴力の活用（補聴器や人工内耳）や上記の併用で対応する。母語の確立が難しくなるので，総じて学力が低くなる。文章の読み書き能力に問題が生じることが多く，対応を考えるうえで重要である。

一方で，言語獲得後５～７歳以上で中途失聴すると，学力や読み書きなどに問題がなくとも，その成育環境からの精神的影響が，中途視覚障がいと同様に大きい傾向が見られる。グループコミュニケーションが苦手で，自分の意見を言い出せない，逆に自分を知ってもらうために一方的に話すなどの特徴がある。

聴覚障がい者のコミュニケーション対応としては，「手話と手話通訳」，「筆談や要約筆記」，「口話や読話」などが想定される。聴覚障がい者が本来もつ能力を引き出し，社会参加を推進するコミュニケーション支援がわれわれには重要である。

平衡機能障がい（**図 2.24**）は，めまいの原因が強い状態，ただ立っているときや静かに座っているときにも，からだが回ったり動いたりしているように感じる状態を指す。それにより頻繁に気分が悪くなり，日常生活に支障をきたすという特徴をもつ。また上記の性質から，転倒や骨折などのけがの原因となる例も多く，注意が必要である。平衡機能障がいには以下のような種類があり，個別に対応する必要がある。

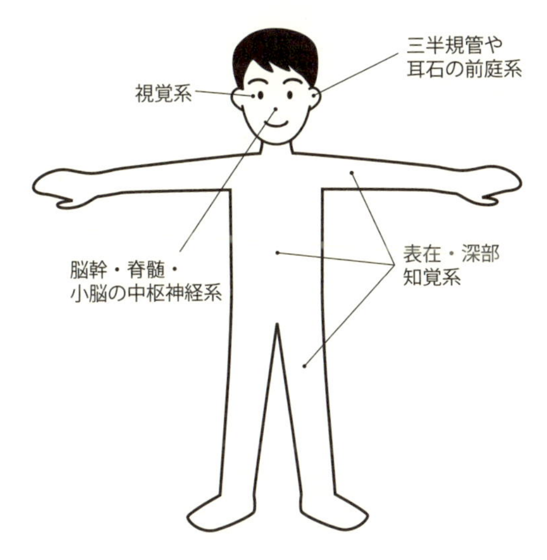


**図 2.24 平衡機能の障がいのメカニズム**

「三半規管や耳石の前庭系」,「視覚系」,「表在・深部知覚系」および「脳幹・脊髄・小脳の中枢神経系」が原因とされる。いずれかに障がいがあると，めまいや平衡障がいが起きる。[交通事故 110 番ホームページ（http://www.jiko110.com/contents/gaisyou/nerve/sittyou.htm）より改変]

・日常的なめまい症（頭を動かすときにふらつきを起こす疾患）
・インフルエンザや上気道感染症による平衡機能障がいの発生
・メニエール病（耳の中の水分量に変化をきたし，平衡感覚の障がいや難聴，耳鳴りを引き起こす疾患）
・頭部損傷や激しい身体運動，中耳炎，空気圧変化で内耳リンパ液が中耳内に漏れることによる平衡機能障がいの発生
・長めの船旅による平衡機能障がいの発生

これらは，耳の感染症，内耳での障がい，頭部損傷，血液循環の低下，特定の薬剤，加齢，脳内の化学的不均衡，高血圧，低血圧，関節炎などが原因である。

### 2.2.4 肢体不自由

肢体不自由者には，上肢障がい，下肢障がいと，体幹障がい（腹筋，背筋，胸筋，足の筋肉を含む胴体の部分）が含まれる。四肢（上肢・下肢）や体幹が

病気やけがで損われ，歩行や筆記をはじめとする日常生活動作に困難が伴う状態を総称して，肢体不自由と呼ぶ。障がいの部位や程度によっても，かなりの個人差がある。原因としては，先天的なものと後天的なもの（事故による手足損傷，脳や脊髄などの神経に損傷を受けて障がいになるもの，関節などの変形からなるもの）などがある。

### 2.2.4.1　上肢障がい

上肢（**図 2.25**）は，人間の上腕・前腕・手を含めた腕や手のことを指す。上肢障がいで主なものは，三大関節（肩関節・肘関節・手関節）と手指の障がいである。これの要因としては先天的なものもあるが，交通事故が後天的な理由として多いのが特徴である。たとえば，上肢帯（鎖骨や肩甲骨）か自由上肢（上腕骨・橈骨・尺骨・手根骨・中手骨・指骨）のいずれかの骨折や脱臼の後に，医療用のボルトを使う治療をしたが後に痛みや可動域制限，骨の癒合不全（うまく元に戻らない障がい）が残ってしまう例なども多い。上肢障がいは，①関節の用廃や可動域の制限が残る「機能障がい」，②（上肢の全部か一部を失った）

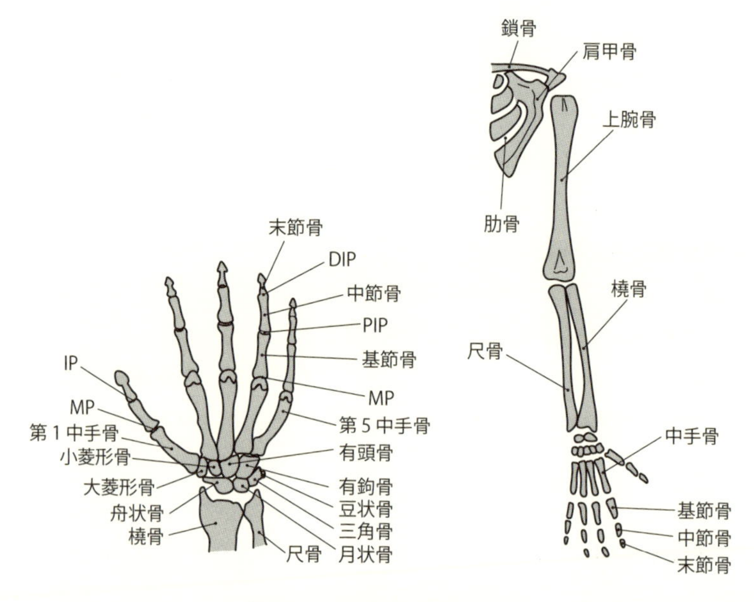


**図 2.25　上肢と骨の種類の一覧**
［伊佐行政書士事務所ホームページ（http://www.jiko-online.jp/kouisyou/jyousi.htm）より改変］

「欠損障がい」,③（骨の癒合不全などの）「変形障がい」の三大系列に分類され，本分類で個々の対応を考える必要がある。

機能障がいは，三大関節（肩・肘・手）の動きの障がいである。動きの障がいの等級分類には，①関節の可動域が制限されてしまった程度で等級を決める考え方と，②人工関節・人工骨頭を挿入せざるをえなかった点に注目し等級を決める考え方がある。欠損障がいは，上肢の一部を失うこと（切断や離断）をいい，喪失の程度で等級が認定される。変形障がいは,「偽関節（骨折の重篤な後遺症のひとつ。骨折部の骨の癒合プロセスが完全に停止した状態をいう。正常な骨の形状として曲がらない箇所で曲がってしまう状態で，痺れや麻痺が生じる）を残すもの」と,「長管骨（細長い棒状の形で内部が空洞で管の骨。上腕骨や橈骨など）に癒合不全を残すもの」をいう。総じて，交通事故などの後天的事情で障がい者になる場合が多く，本人の障がいの受容と理解に時間がかかる場合が多い。

#### 2.2.4.2　下肢障がい

下肢（**図 2.26**）は，股関節・ひざ関節・足関節までの三大関節と足指の総称である。下肢障がいというと，これらの部分の骨折や関節の脱臼，骨の変形，関節が元のように曲がらなくなる現象，あるいは切断などによる短縮化などが代表的なものとなる。下肢障がいは,①（関節の用廃や可動域制限などの）「機能障がい」，②（下肢の全部または一部を失った）「欠損障がい」，③（下肢が切断などで短くなってしまう）「短縮障がい」，④（大腿骨や下腿骨などが確実に癒合しなかったなどの）「変形障がい」に分類される。本分類でリハビリテーションをはじめとした個々の対応を考える。

下肢の機能障がいというと，三大関節（股関節・ひざ関節・足関節）の動きの障がいをいう。動きの障がいとは，①関節の可動域が制限されてしまった，②膝がぐらつく，③人工関節や人工骨頭を挿入せざるをえない，などを総称していう。欠損障がいは，下肢の全部または一部を失うものである。喪失の程度で等級認定される。短縮障がいは，下肢の一部が事故や病気のために短くなるもので，短縮の程度で等級認定される。たとえば，病気やけがの治療の結果などで左右の足の長さに格差が出るようなイメージである。変形障がいは，上肢障がいと同様であるが,「偽関節を残すもの」と「長管骨に癒合不全を残した

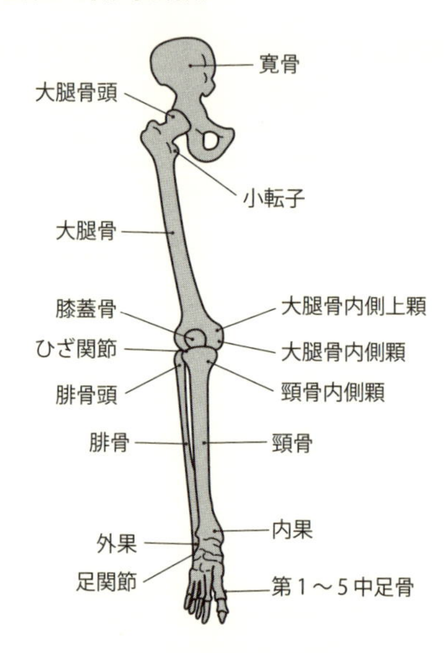


**図 2.26　下肢と骨の種類**

［交通事故 110 番ホームページ（http://www.jiko110.com/contents/gaisyou/legs/index.php?pid=21）より改変］

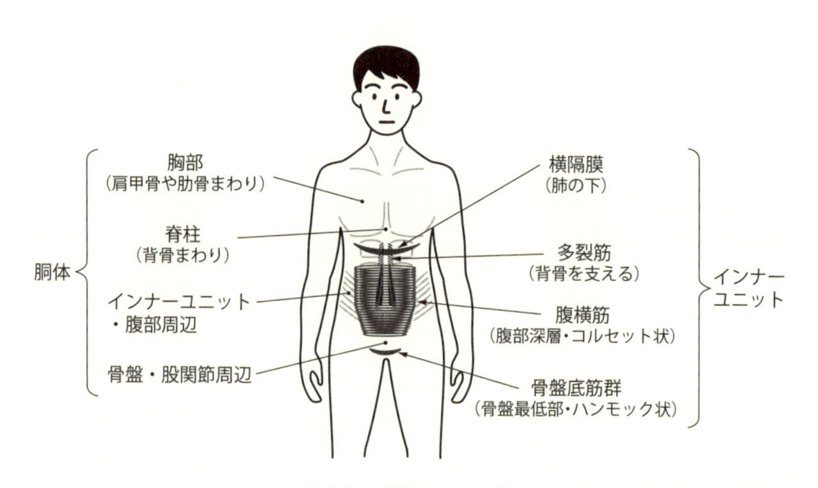


**図 2.27　体幹のイメージ**

胴体は広義の体幹，インナーユニットは狭義の体幹といわれている。［ストレッチポール公式ブログ・ホームページ（http://stretchpole-blog.com/trunk-of-the-body-10247）より改変］

もの」を指している。

#### 2.2.4.3 体幹障がい（脊柱の機能の障がい）

体幹機能障がいは，脊髄損傷や頚椎損傷の後遺症などで体幹（頸部・胸部・腹部・腰部）（図 2.27）の機能障がいが起き，体位保持などが難しい状態をいう。体幹だけではなく四肢にも障がいが及んでいる場合が多いのが特徴である。上肢や下肢（特に下肢が多い）との複合障がいに悩む人が多いとされ，対応を難しくさせる要因である。

体幹の障がいは，「変形障がい」，「運動障がい」および「荷重機能障がい（支持機能障がい）」に分類される。変形は文字どおりで，脊柱の変形などを指す。運動障がいは，可動域の不自由さにより等級認定される。荷重機能障がい（支持機能障がい）は脊柱の支持機能の障がいで，日常生活および労働に及ぼす影響が大きい。

### 2.2.5 内部障がい

内部障がいは，心臓機能障がい，腎臓機能障がい，呼吸器機能障がい，膀胱・直腸機能障がい，小腸機能障がい，ヒト免疫不全ウイルス（HIV）による免疫機能障がい，肝臓機能障がいの総称である。内部障がいは，文字どおりで身体の内面に障がいがある。そのため「見えない障がい」ともいわれ，外見から障がいがあることを理解してもらえないという問題がある。周囲の理解が得られにくく，電車やバスの優先席に座っていてもマナーを守らないように見られ，本人が辛い思いを強いられていることが多い。特徴として，進行性疾患を伴っていることも多い。あわせて，継続的な医療ケアや介護が必要な方も多い。疲れやすい場合も多く，内部障がいのある方と社会で過ごしていくうえで適切な対応がとれるように，日ごろから彼らの生活上の不便さを理解および熟知しておくことが大切である。

具体的に見ると，心臓機能障がいは，全身に必要な血液を送り出すポンプの役割を果たす心臓の機能が病気などで低下する状態をいう。腎臓機能障がいは，病で腎臓の働きが悪くなり，有害老廃物や水分などを排泄できなくなる状態をいう。不必要な物質や有害な物質が身体の中に蓄積してしまう状態である。呼吸器機能障がいは，病気などで肺の機能が低下し，酸素と二酸化炭素の交換がうまくいかず，酸素不足になる状態をいう。膀胱・直腸機能障がいは，尿をためる膀胱や便をためる直腸が，病気などで機能低下・機能損失する状態をいい，排泄物を体外に排泄するための人工膀胱や人工肛門を造設する例も多い（ちなみに，人工膀胱や人工肛門を造設した方をオストメイトといい，近年ではこの用語が浸透するようになった）。小腸機能障がいは，小腸の病気などでその働きが不十分となり，消化吸収が妨げられ，通常の経口摂取による栄養維持が困難な状態をいう。ヒト免疫不全ウイルス（いわゆるHIV）による免疫機能障がいは，HIVがヒトに感染・発病し，白血球の一種であるリンパ球の破壊と免疫機能低下を引き起こし，発熱や下痢や体重減少または全身倦怠感などの特定の病状が現われる状態を指す。最後に，肝臓機能障がいとは，肝臓が何らかの異常により障がいを受け，正常に機能しなくなることをいう。このように，内部障がいはかなり多岐にわたる身体の中の障がいの総称であるが，その性質が目に見えにくい。ゆえに早急な社会的理解の促進が急がれる障がいとして，対策の議論も活発化している（**口絵1**）。

### 2.2.6　知的障がい

いまだに多くが原因不明であり，周囲からの理解が得にくく，本人やその家族が傷つきやすいのが知的障がいである。端的にいえば，何らかの原因で知的能力の発達が遅れてしまう障がいである。80％程度は「原因不明」とされ，残りは先天的なものや出産時のトラブル，乳幼児期の高熱などが主な特定要因としてあげられる。重度なほど原因がわかりやすいが，それでも多くは原因不明である。

先天的な原因としては遺伝も想定されているが，遺伝が影響したものは僅少といわれる。遺伝子異常の他に，染色体異常も先天性知的障がいの要因としてあげられる。具体的にはダウン症や自閉症があげられるが，遺伝子や染色体に異常が起こる原因そのものはいまだに解明されていない。出産時の医療事故，脳の圧迫，酸素不足なども，知的障がいの原因になることがある。例をあげれば，破水から出産までの時間が長いと赤ちゃんが酸欠状態になり，十分な酸素が行きわたらないことで一部の脳細胞が壊死した状態となり，その結果，知的障がいにつながる。

乳幼児期の髄膜炎・脳炎などの脳感染症が，知的障がいにつながることもある。脳感染症の他にも，乳幼児期の脳外傷や脳出血，母親の風疹なども要因にあげられる。頭部外傷，脳腫瘍，脳の治療など頭部に一定の衝撃があっても，知的障がいにつながることがある。乳幼児や新生児の頭は，からだに比べて大きい。ゆえに重心が上のほうに偏り，バランスも悪くなっており，転びやすく，転んでしまうと頭を打ちやすい。乳幼児では，頭蓋骨が柔らかく未熟なため，まだ固定されていない骨と骨の隙間が開くことで，ぶつけた際の衝撃をやわらげてしまい，外傷が出ないこともある。ゆえに，乳幼児期は親も頭部外傷が出ないようにしっかり子どもを守る必要がある。

知的障がいは通常，4つのクラスに分類される。軽度なほうから，「軽度知的障がい」，「中度知的障がい」，「重度知的障がい」，「最重度知的障がい」の4段階で分類される。軽度知的障がいは，IQレベルが50から約70の方である。知的障がいの約85％は軽度知的障がいである。軽度知的障がいでは，原因が特定できないことが多い。就学するまで気づかれにくい。小学校高学年レベルの知能を成人期までに身に付け，成人後に家庭をもつことや就職はできるとされる。

中度知的障がいは，IQレベルが35から約55の方である。知的障がいの約10％を占める。多くは器質的な原因が認められる。言語能力や運動能力の発達は遅れるが，ほとんどの人が言語を習得して十分なコミュニケーションをとれるようにはなる。最終的な学力は小学校2～3年生程度となる。成人期には周囲からの社会的および職業的支援が必要になり，適切な監督下で簡易な仕事に就ける。

重度知的障がいは，IQレベルが20から約40の方である。知的障がいの約4％を占める。多くは，ダウン症，フェニルケトン尿症，脆弱X症候群，レット障がいなどの遺伝的要因や幼児期の後天的要因，出生前の病気などが主要因である。3～6歳の知能まで発達し，簡単な会話くらいはできるようになる。決まった行動や簡単なくり返しをすることができず，常時の監督や保護が必要なレベルである。

最重度知的障がいは，IQレベルが20～25以下の方である。全知的障がいの1～2％にあたる。他の神経症状や身体障がい，てんかんなどを伴うことが一般的であり，常時の援助・介助が必要である。最終的には３歳未満の知能を身に付ける。ゆえに言葉を使用したコミュニケーションはほとんど困難である。喜怒哀楽の表現は可能で，見慣れた人は覚えることもできる。歩行も難しいケースが多い。

自閉症，アスペルガー症候群，特定不能発達障がいなどを含む総称を「広汎性発達障がい」（自閉症スペクトラム障がい＝自閉症とアスペルガー症候群の連続的障がいとほぼ同意）（**図 2.28**）という。これも知的障がいに含まれる。広汎性発達障がいの主な症状は，①対人関係に関する障がい，②コミュニケーション障がい，③行動と興味がパターン化する，の３点である。自閉症は，他人に興味関心をもたない，コミュニケーションがうまくできない，変化が苦手，決まりや法則にこだわりをもつ，変わった行動をくり返すなどの傾向がある。周囲の者は，①他者との社会的関係をつくることが難しい，②言語発達が遅れる，③興味や関心がせまく特定のものにこだわりをもつ，という特徴を知って対応していく必要がある。自閉症は３歳ぐらいまでに関連症状が現われるとされており，親も注意が必要とされる。

アスペルガー症候群は，自閉症と同意にとらえられがちであるが，こちらでは明らかな言語発達・知的能力の遅れを伴わない。また，幼児期での言語発達

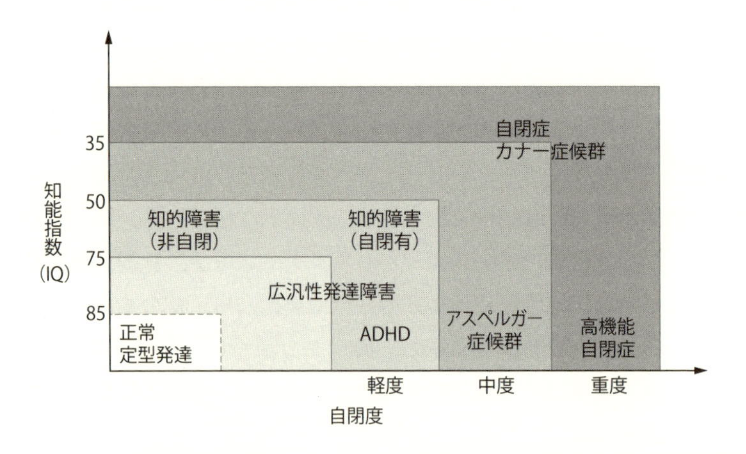


**図 2.28　自閉症スペクトラムの自閉度と IQ の分布表**

［自閉っ子が育つホームページ「自閉症スペクトラムとは」（http://tarakonokosodate.blog.jp/archives/1023155972.html）より改変］

**図 2.29　筆者が勤務する東京都市大学の DOL 支援プロジェクトのウェブサイト**
さまざまな学習障がいに悩む学生を支援する体制を整備している。[http://www.tcu.ac.jp/dol/ より引用]

の遅れが見られないため，障がいの発見はたいへん難しい。成長するにつれて対人関係の問題が現われてくる。コミュニケーションおよび対人関係を苦手とする障がいであるが，限定したパターンなどに強い興味をもちながら行動・活動する特徴がある。自分のことばかり話す，一度話し出すと止まらない，大好きなことに関しては専門家顔負けの知識をもつという特徴がある。自分勝手でわがままなイメージをもたれるが，得意分野を磨き上げればすばらしい能力を発揮する特徴もある。

学習障がいというものもある。聞く・話す・読む・書く・計算・推論の六大能力のうち，どれか特定の能力のみに著しく困難がある方をいう。目・耳から脳に送られた情報がうまく伝わらずに，耳で聞く・話すことに困難がある聴覚性の障がい，書きに困難がある視覚性障がい，計算に困難がある算数障がいなどに分類される。特定の学習能力は他と劣らない。ゆえに一般の教育機関や大学に進学可能な場合も多く，筆者が勤務する東京都市大学のように大学の中に DOL（disorder of learning）支援のプロジェクトをもつ場合も増えている（**図 2.29**）。こうした支援体制も円滑な教育に効果的である。

### 2.2.7　精神障がい

てんかんや発達障がいなどを含む精神疾患で，長期にわたり日常生活や社会生活への制約がある方を総称して，精神障がい者と呼ぶ。これには，統合失調症やうつ病，そううつ病などの気分障がい，てんかん，薬物やアルコールによる急性中毒やその依存症，高次脳機能障がい，発達障がい（自閉症，学習障がい，注意欠陥多動性障がいなど），その他の精神疾患（たとえばストレス関連障がいなど）を含む。

統合失調症は，脳内の精神機能のネットワークがうまく働いていない病気である。さまざまな刺激を伝えあう脳内の神経系に障がいが生じる。ドーパミン系やセロトニン系などの緊張およびリラックスを司る神経系や意欲やその持続に関する神経系，情報処理および認知に関する神経系にトラブルが起きるといわれている。

うつ病は，近年，頻繁に聞くようになったが，脳のエネルギーが欠乏した状態となり，そこから憂うつな気分やさまざまな意欲（食欲・睡眠欲・性欲など）の低下といった心理的症状，さまざまな身体的な自覚症状を伴うものである。エネルギーの欠乏で，脳というシステム全体のトラブルが生じてしまっている状態といえる。

そううつ病は，うつとそうの状態をくり返すものである。そうは，単に元気すぎる，やる気満々というのではなく，気分が病的に高ぶる状態が続くことをいう。具体的には，気分が良すぎたり，ハイになったり，興奮したり，調子が上がりすぎたり，怒りっぽく不機嫌になったりして，普段の自分とは異なると思われてしまうような状態である。そううつ病は近年，双極性障がいともいわれる。

てんかんは，痙攣や意識障がいを突如起こす病気である。大脳の神経細胞を一定のリズムで流れている電気信号が突発的に過剰に放出されることによって起こるとされる。発症率は100人に1人といわれている。発症年齢は，乳幼児から高齢者までと幅広く，約80％が18歳以下で発症しており，そのなかでも3歳までに発症する割合が最も多く，注意が必要である。てんかん発作は，そのままにしておくと，症状を抑えることが難しくなる。子どもに症状が現われた場合は，てんかんの専門外来がある病院，とりわけ神経内科を受診するように行動する。てんかんの主な症状は，痙攣や意識障がいの発作である。発作にもいろいろとあり，「動きが止まりボーッとする」，「手足の一部をもぞもぞさ

| 統合失調症 | |
|---|---|
| 1級 | 高度の残遺状態または高度の病状があるため高度の人格変化，思考障がい，その他妄想・幻覚などの異常体験が著明なため，常時の援助が必要なもの |
| 2級 | 残遺状態または病状があるため人格変化，思考障がい，その他妄想・幻覚などの異常体験があるため，日常生活が著しい制限を受けるもの |
| 3級 | 残遺状態または病状があり，人格変化の程度は著しくないが，思考障がい，その他妄想・幻覚などの異常体験があり，労働が制限を受けるもの |

| 気分（感情）障がい | |
|---|---|
| 1級 | 高度の気分，意欲・行動の障がいおよび高度の思考障がいの病相期があり，かつ，これが持続したり，ひんぱんに繰り返したりするため，常時の援助が必要なもの |
| 2級 | 気分，意欲・行動の障がいおよび思考障がいの病相期があり，かつ，これが持続したりまたはひんぱんに繰り返したりするため，日常生活が著しい制限を受けるもの |
| 3級 | 気分，意欲・行動の障がいおよび思考障がいの病相期があり，その病状は著しくないが，これが持続したりまたは繰り返し，労働が制限を受けるもの |

**図 2.30　精神障がいの等級分類とその概要**
［NPO 法人サルベージ・ホームページ（http://www.nposalvage.com/seisinn.html）より改変］

せる」といった比較的軽度なものから，「突然手足が突っ張る」，「全身を震わせる」ものや，「バタンと倒れてからだを激しく硬直させる」といったきわめて重度のものまである。発作はくり返し起こるが，発作型は人によりだいたい決まっており，それを認知したうえで対応を行なう。

精神障がいは，知的障がいとしばしば混同される。上記の精神疾患がない人は，知的障がいのみと判断され，知的障がい者向け手帳である療育手帳制度が交付される。一方で，知的障がいと精神疾患を両方もつ人は，療育手帳および精神障がい者保健福祉手帳の両方を受けることができる（**図 2.30**）。精神障がい者保健福祉手帳を受けるうえでは，当該精神疾患の初診から 6 カ月以上の経過が必要になる。知的障がい者と同様で，外見から判断しにくい場合があり，理解促進が急務である。

## 2.3　外国人の特徴と日本での課題

2020 年開催予定の東京オリンピック・パラリンピック 2020 の開催に合わせ，訪日外国人の増加が見込まれている。また，すでに国の観光政策推進で海外の旅行客が近年かなり増えている。研究で海外の人に調査をすると，日本の国内で快適・安心・安全に都市生活を送るうえでは，情報面でのユニバーサルデザイン化が最も重要であることがわかる。要は，生活シーンにサインなどのコミュニケーションサポートのための多言語支援が必要な状況である（図 2.31）。外国人は母語を見たときに安心でき，旅行やビジネスなどで一時的に訪問した外国人には歓迎の証としてとらえられる。近年では，日本語・英語と，来訪者の多さを勘案して中国語や韓国語を併記する場面が増えた（図 2.32）が，マイナーな言語の対応はいまだ遅れている。

マイナーな言語については，人的対応を求める意見も多く，国内での課題に

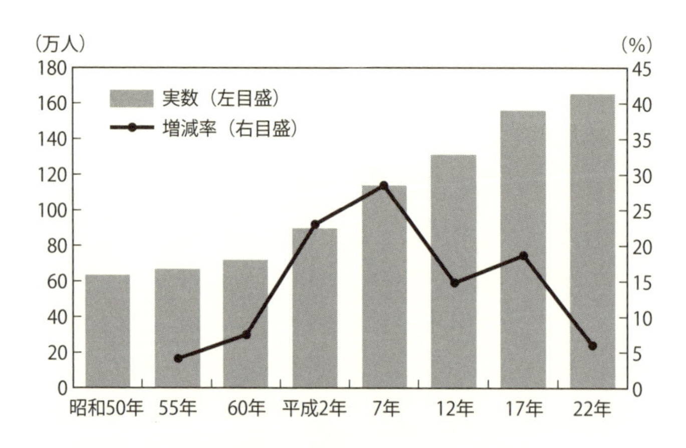


**図 2.31　外国人人口の増加**

［出典：総務省統計局ホームページ（http://www.stat.go.jp/data/kokusei/2010 /users-g/wakatta.htm)］

**図 2.32　日本語・英語・中国語・韓国語を併記した JR 東日本の表記の例**

［会津若松市ホームページ（http://www.city.aizuwakamatsu.fukushima.jp/docs/2008101400024 /）より許諾を得て転載］

**図 2.33 ピクトグラムの例**
［データ提供：http://www.freetemplate.jp/attention/］

なっている。あわせて，外国人が日本語を理解するにしても，漢字を覚えるのは通常難しい。まさに日本の小学生が漢字を理解していくように，ひらがなから漢字へと徐々にシフトしていくので，街中の表示やチラシをはじめとしてさまざまな情報表示にひらがなを併記することを求める外国人も意外と多い。

他にも，ピクトグラム（pictogram）での情報表示を求める意見も外国人からは多い。ピクトグラムは，いわゆる「絵文字」，「絵単語」と日本語訳される。**図 2.33** のようなものを総称していうが，特定の情報の表示や注意促進のために表示される視覚記号で，明度差のある 2 色を用いて表わしたい概念を単純化して表現する。

## 2.4 子どもの特徴

総じて，歩けるようになり行動半径が広くなる幼児期に，事故の種類が多彩になる。家の中だけではなく，公園や駅などの戸外での事故にも注意が必要になる。

乳児期を脱し，1 歳前後になると，ひとりで歩くことができるようになる。

| | 1位 | 2位 | 3位 | 4位 | 5位 |
|---|---|---|---|---|---|
| 0歳 | 先天奇形，変形および染色体異常 | 周産期に特異的な呼吸障がいなど | 不慮の事故 | 乳幼児突然死症候群 | 胎児および新生児の出血性障がいなど |
| 1～4歳 | 不慮の事故 | 先天奇形，変形および染色体異常 | 悪性新生物 | 肺炎 | 心疾患 |
| 5～9歳 | 不慮の事故 | 悪性新生物 | その他の新生物 | 先天奇形，変形および染色体異常 | 心疾患 |

**図 2.34　子どもの事故の原因**

不慮の事故が多いことがわかる。［出典：消費者庁ホームページ（http://www.caa.go.jp/kodomo/project/pdf/130509 _project.pdf）］

| 風呂や洗面所で | 台所や食堂で | 居間や廊下で |
|---|---|---|
| ・洗い場で滑ってころんだ<br>・湯船の中に頭から落ちた<br>・洗濯機を覗き込んで頭から落ちた<br>・歯ブラシをくわえたまま転んだ<br>・ドライヤーやアイロンでやけどをした | ・炊飯器の蒸気でやけどをした<br>・カップ麺の湯でやけどをした<br>・食べ物を喉に詰まらせた<br>・箸をくわえたまま転んだ<br>・椅子から落ちた<br>・電気コードをひっかけて転んだ<br>・ビニール袋を頭からかぶった<br>・ライターで遊んだ | ・机の角に頭をぶつけた<br>・テレビによじ登って倒した<br>・コンセントに異物を差し込んだ<br>・ドアやサッシに指をはさんだ<br>・階段から落ちた<br>・電池やボタンを鼻や耳に詰めた<br>・薬や異物を誤って飲んでしまった<br>・ベランダから落ちた |

**図 2.35　家の中での子どもの危険**

［学研おやこ CAN ホームページ（http://www.oyakocan.jp/tokushu/201307.html）より改変］

幼児期の事故を年齢別に見ると，1歳児がトップである。1歳児から4歳児までの死亡原因のトップは，不慮の事故である（**図 2.34**）。1歳のころになると，家の中でも行動半径が急速に広がる。階段の昇降，浴室や洗面所，台所やベランダなどに積極的にアクセスしようとする（**図 2.35**）。好奇心も発達して，すべてが興味の対象になっていく。台所で包丁を手にしてけがをしたり，浴室の湯船内を覗き込んで転落したり，階段で滑って頭を打つなど，事故の実例をあげれば枚挙にいとまがない状況である（**図 2.36**）。特に幼児期で注意が必要な事故は，誤飲である。1～4歳児の場合，1位が転倒（特に高所に登ってみたくなり，転落事故が増加），2位が異物誤飲，3位が転落である（東京都調査より）。

| | 新生児 — 6カ月 — 1歳 — 2歳 — 3歳 |
|---|---|
| 発達の様子 | 寝返り　ひとり座り　ハイハイ　つかまり立ち　ひとり歩き　走る　階段昇降 |
| 誤飲・窒息 | たばこ・薬・コイン・ボタン・電池など　洗剤・化粧品などを開けて飲む<br>枕・やわらかい布団　ひも・よだれかけ・ビニール袋　ピーナツ・豆類 |
| やけど | 湯たんぽ・あんか　風呂・シャワーの湯　食事中湯のみなどを倒す　ポット・炊飯器の蒸気に触れる　ライター　花火<br>ストーブ・アイロンに触る　カップ麺 |
| 溺水 | 浴槽・洗濯機へ転落しておぼれる　海や川やプールでおぼれる<br>ビニールプール |
| 転落 | 親がうっかり落とす　ベッド　自転車　階段　ベビーカー　いす　ブランコやすべり台<br>窓やベランダ |
| 打撲や切り傷 | 角のあるおもちゃ　扇風機の羽根にさわる　ドアにはさまる<br>転んでテーブルの角などにぶつかる |
| その他 | 自動車内放置による熱中症・交通事故　歯ブラシを口に入れたまま転倒する<br>自転車に乗せたまま離れる |

**図 2.36　子どもの成長と事故の関係性**

［新潟市ホームページ（https://www.city.niigata.lg.jp/kosodate/ninshin/akachan/advice/121.html）より改変］

指先も動かすことができるようになり，ペットボトルや洗剤のキャップを開けて飲み込んでしまう事故，口に箸や歯ブラシをくわえたまま転んでけがをする事故などが頻繁に増えるようになり，注意が必要である。

子どもの事故は，運動能力の発達ととても深い関係がある。ゆえに，成長するにつれ思わぬ事故を起こす可能性もある。親はよく注意してあげないといけない。

## 2.5　子どもを抱える親の特徴

2009年に内閣府政策統括官が行なった，海外での子育て経験のあるパパ・ママ100人インタビュー調査では，「海外子育て経験者の多くは，日本より海外のほうが赤ちゃんや子連れに優しい社会である」と回答している。調査結果を具体的にひも解くと，海外で子育て経験のある親たちは，外出時に周囲の人々が移動の手伝いをしてくれること，妊婦や赤ちゃんへの「声かけ」，「温かいまなざし」を得る機会が日本に比べて多くあり，子連れの親や妊婦に対する社会の温かいまなざしの不足が，日本社会の課題であることをうかがわせる。日本社会が赤ちゃんや子連れの親に冷たく，課題や問題を多数抱えていることを象徴している。まず，こうしたソフト面，市民の価値観の部分で，日本は大きな問題を抱えている。

次に，もう少し物質的な部分に注目すると，「ベビーカー利用に関するルール」問題を指摘する日本の親たちがたいへん多い。2014 年 3 月から，日本では国土交通省が鉄道・バスでのベビーカーの利用に関するルールの全国統一化に着手した（**図 2.37**）。現状では，混雑時は事実上難しいものの，通常ベビーカーをたたまずに乗車できるようになっている（**図 2.38**）。日本では，永らくルー

案内図記号

禁止図記号

（案内図記号と同一デザインを用いたもの）

**図 2.37　ベビーカーをたたまずに乗車できることを示すサイン**
［出典：国土交通省ホームページ（http://www.mlit.go.jp/common/001032706.pdf）］

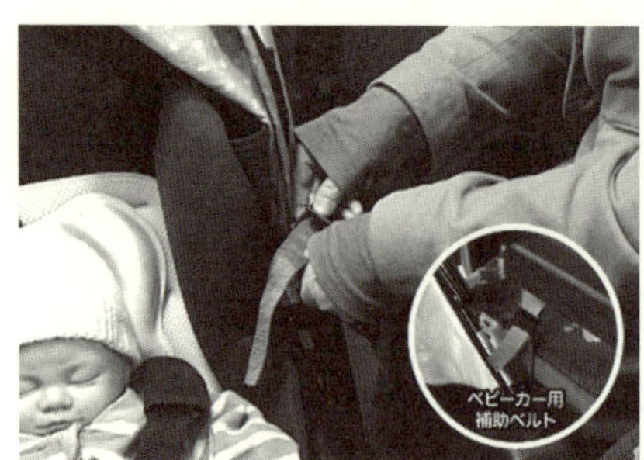


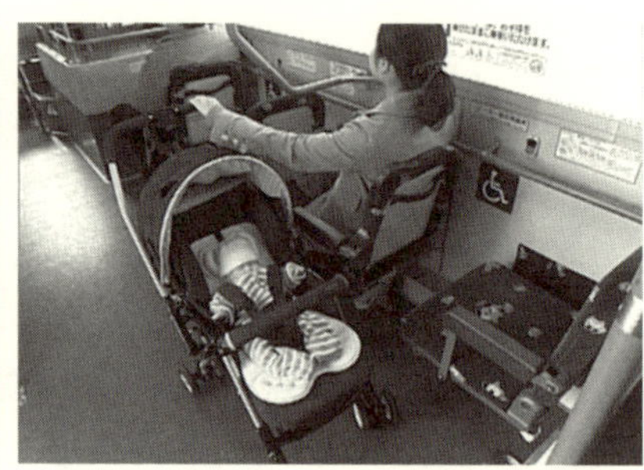

**図 2.38　日本のバスでのベビーカーの固定方法**
［東京都交通局ホームページ（http://www.kotsu.metro.tokyo.jp/bus/kanren/babycar.html）より許諾を得て転載］

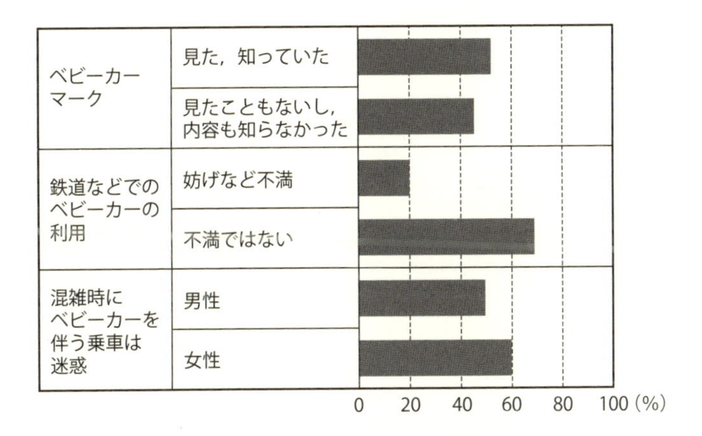


**図 2.39　ベビーカーに対する意識調査**

ベビーカーマークの浸透度の低さや混雑時の利用に対する不満がいまだに高い。［産経ニュース 2016 年 5 月 18 日版（http://www.sankei.com/life/news/160518/lif1605180010-n1.html）より改変］

ルが曖昧なままであった。ベビーカー利用者と周囲のトラブルも多く，ベビーカーを広げたままの乗車とその親たちへの批判の意見は，国土交通省がルール制定に着手しても根強く存在している（**図 2.39**）。

一方で，海外の場合は，ベビーカーを電車・バスに乗せることは，赤ちゃんをもつ親の権利として通常認められている。赤ちゃんを連れた母親に席を譲ってあげるのも当たり前で，席を譲るのは子どもが生まれる前の妊娠中から当然という価値観が醸成される雰囲気が育まれている。他にも，病院や市役所などの公共施設では，赤ちゃんを連れた人々に優先番号を配布するケースも海外では多い。

日本での子連れの親が抱える大きな問題は，ベビーカーの対応や周囲の接し方，子連れの親への優先の欠如が主流である。他にも，筆者の静岡県での事例研究によれば，核家族化による不満からコミュニティで子どもを育てる雰囲気のなさも課題としてあげられる。ベビーカーの利用を前提にした段差のカットやエレベーターの増加も期待する向きが多く，上記が対応でのポイントになる。

# 第3章

# さまざまな都市生活環境の問題・課題と望ましい解決策

## ——高齢者，障がい者，外国人，子どもと親，健常者を意識した望ましい解——

第2章を読んで，読者の皆さんは，高齢者，障がい者，外国人，子どもとその親の生活上の特徴をつかめたと思う。これを受けて第3章では，都市生活環境ごとにどのような福祉技術を導入していく必要があるのか，設計基準なども含めて紹介する。

## 3.1　障がい者差別解消法と合理的配慮の必要性

2016年4月に，相互に人格と個性を尊重し合いながら共生する社会の実現を目指し，障がい者差別解消法（正式表記は「障害者差別解消法」であるが，本書では障害者＝害を有したり発したりする存在ではないという昨今の風潮を支持し，以下でも「障がい」と表記する）が施行されている。本法は，不当な差別的取り扱いを禁止し，障がいをもつ人への合理的配慮の提供を求めているものである。対象となる障がい者は，障がい者基本法の第2条で定義されるとおりである。障がい者手帳の有無を問わず，障がいや多種多様な社会的バリアにより日常生活や社会生活に相当な制限を受けているすべての人を対象にしている法律である（図3.1）。

障がい者差別解消法の一大関心事は，「合理的な配慮とは何か」ということである。法律で合理的配慮をすべしと書かれていても，われわれが多様な生活環境で何をすればよいのかはすぐにはわからないものである。わからなくて当然でもある。これは，個別の環境で合理的配慮として行なったことをデータベースなどに蓄積し，それらを分析しながら議論を行ない，環境別の合理的配慮が収束する方向になるはずである。では，この合理的配慮というのはどのよう

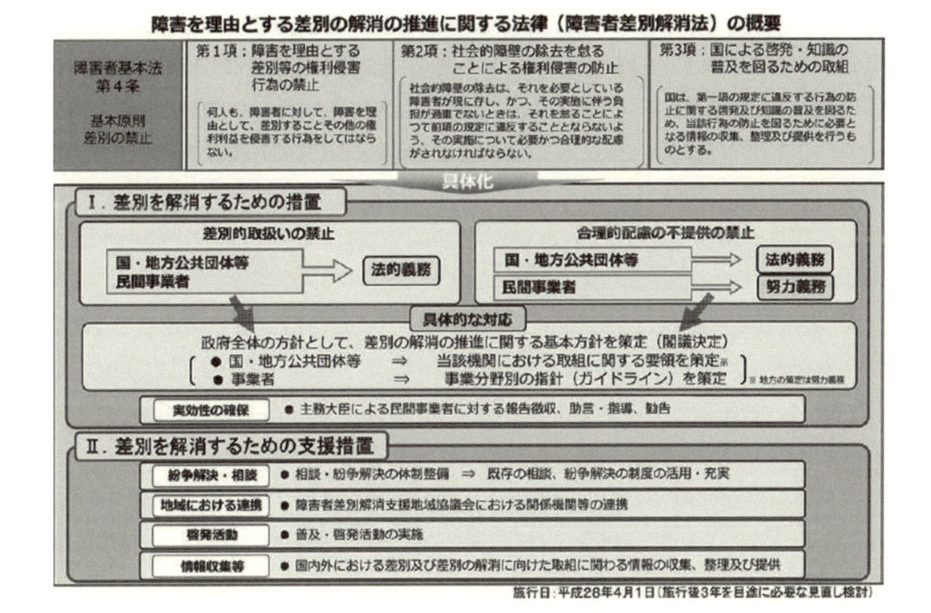


図 3.1　障がい者差別解消法の概要

［出典：内閣府ホームページ（http://www8.cao.go.jp/shougai/whitepaper/h26 hakusho/gaiyou/h01.html）］

なことに起因しているのか。

実は，アメリカでは合理的配慮（Reasonable Accommodation という）が福祉的な対応に関連する判例の複数に残っている。一定の理に適う措置や調整を行なうように，という指示を意味する法律用語である。1982 年，アメリカのリハビリテーション法の施行規則に合理的配慮が盛り込まれた。さらにその後，1990 年に「障がいをもつアメリカ人法」（いわゆる ADA 法；Americans with Disabilities Act of 1990）で明確に定義された。合理的配慮の先輩こそがアメリカである。

ADA 法には 4 つの柱があり，以下の 4 つの領域で障がい者が過ごしやすいように配慮を促す法律である。4 つの領域とは，「Employment（雇用）」，「Public Services（公共でのサービス）」，「Public Accommodations（公共施設での取り扱い）」，「Telecommunications（電話通信＝情報通信環境）」である。たとえば雇用では，（A）設備を利用可能なものにすること，（B）求職にあたっての介護機具の調整や訓練のための器具や政策の適切な調整と変更，資格を持つ読み上げ人や通訳の配置が，合理的配慮として定義されている。こうした1990年以降のADA法の動きが日本にも影響を与え，ようやく16年後の2016年に障がい者差別解消法に帰結した形である。障がい者差別解消法の要点は大きく分けて次の２点がある（内閣府発行のリーフレットより引用し，一部をわかりやすいように改変）。

・「不当な差別的取扱いの禁止」：役所（たとえば市役所とか図書館の窓口）や企業・店舗などの事業者が，障がいのある人に対して，正当な理由なく障がいを理由として差別することを禁止する。
・「合理的配慮の提供」：国・都道府県・市町村などの役所や企業・店舗などの事業者が，障がいのある人から「社会の中にあるバリア（社会的障壁）」を取り除くために，何らかの対応が必要だという意思が伝えられたときに，負担が重すぎない範囲で対応することを求める。

要は，国が定義している合理的配慮とは，障がい者が必要とする配慮に対し，お金や労力などの負担がかかりすぎない範囲で，状況に応じた変更や諸調整などを行なうようにすることである。合理的配慮は，公的機関は「義務付け」になっており，民間事業者などは「努力義務」になっている。合理的配慮の提供は，「対応要領」と「対応指針」の２つに則りながら行なわれるように指導が

| 身体障がい | 移動の支障となる物を通路に置かないなど，安全に移動できるようにすること |
|---|---|
| 知的障がい | 資料にふりがなをふるなど，簡単な言葉で具体的に表現すること |
| 精神障がい | 出勤時間を遅らせるなど，勤務時間の調整を行なうこと |
| 発達障がい | 抽象的な表現は用いず，マニュアルなどを用いて作成の手順を説明すること |
| 難　　病 | 通院のための休暇の取得など，勤務日の調整を行なうこと |

**図 3.2　障がい者差別解消法の合理的配慮の例**

こうした対応の例は地方自治体がウェブサイトなどで逐次公開している。これは奈良県の例である。
［奈良県ホームページ（http://www.pref.nara.jp/39656.htm）より改変］

| | 不等な差別的扱い | | 障がい者への合理的配慮 | |
|---|---|---|---|---|
| 国の行政機関・地方公共団体など | 禁止 | 不等な差別的扱いが禁止されます | 法的義務 | 障がい者に対し，合理的配慮を行なわなければなりません |
| 民間事業者（個人事業者，NPOなどの非営利事業者も含む） | 禁止 | 不等な差別的扱いが禁止されます | 努力義務 | 障がい者に対し，合理的配慮を行なうよう努めなければなりません |

**図 3.3 障がい者差別解消法の対応一覧表**

こうした関連情報も地方自治体がウェブサイトなどで逐次公開している。これは釧路市の例である。［釧路市ホームページ（http://www.city.kushiro.lg.jp/kenfuku/fukushi/shougaisha_f/seido/page00016.html）より改変］

行なわれている（図 3.2，図 3.3）。

### 3.1.1 対応要領とは

障がい者差別解消法は，国に対し「差別的取扱いの禁止」および「合理的配慮の提供」を法的義務として課しており，対応要領は具体的対応をまとめたものをいう。役所で働く人々は対応要領を守って業務を行なうことになっており，都道府県や市町村については対応要領をつくることに努めることを促されている。

### 3.1.2 対応指針とは

さまざまな民間での事業を所管する立場の国の役所には，企業や店舗などが適切に対応できるように「対応指針」をつくることが促されている。対応指針は，民間企業の道標となる。企業や店舗が法律に反する差別行為をくり返し，自主的な改善を期待できない場合には，報告書の提出を求めて，また注意を行なうことがある。

これが障がい者差別解消法の輪郭である。今後は，この法律も考慮しながら福祉的対応を見ていく必要があり，本章以下ではその望ましい対応策をまとめる。

## 3.2　移動環境と福祉技術

移動環境は，さまざまな人がその欲求を満たすうえで必要な手段である。物・情報・場を得て欲求を満たすうえで，移動環境は不可欠であり，その望ましい対応を見てみよう。

わが国では，2006 年 12 月 20 日に，バリアフリー新法（高齢者，障がい者等の移動等の円滑化の促進に関する法律）が施行された。バリアフリー新法は，公共交通機関や駅などの旅客施設を中心にバリアフリー化を進める「高齢者，身体障がい者などの公共交通機関を利用した移動の円滑化の促進に関する法律」（交通バリアフリー法；2000 年制定）と，建築物でのバリアフリー化を推進していく「高齢者，身体障害者等が円滑に利用できる特定建築物の建築の促進に関する法律」（ハートビル法；平成 6 年制定）を統合・拡充した新法である。この新法施行を受けて，国土交通省は，公共交通機関の旅客施設・車輌などの望ましい整備内容などを示すガイドラインを定めた。策定したガイドラインは次のとおりである。

・バリアフリー整備ガイドライン（車両等編：正式名称「公共交通機関の車両等に関する移動等円滑化整備ガイドライン」）
・バリアフリー整備ガイドライン（旅客施設編：正式名称「公共交通機関の旅客施設に関する移動等円滑化整備ガイドライン」）

上記整備ガイドラインについては，公共交通事業者などが義務付けられるものではない。ただし，本整備ガイドラインを目安として，旅客施設・車輌などの整備などを行なうことが望まれている。ユニバーサルデザインの哲学も含まれている。以下では，バリアフリー整備ガイドラインを見つつ，ポイントについて解説する。

なお，移動にやむなく面積を必要とする車いすの基本移動寸法条件については**図 3.4** にまとめられており，ガイドラインを考えるうえでのベースの寸法である。この図の考え方であれば，車いすの固定スペースの広さは 750 mm ×

**参考：本ガイドラインにおける基本的な寸法**

●通過に必要な最低幅

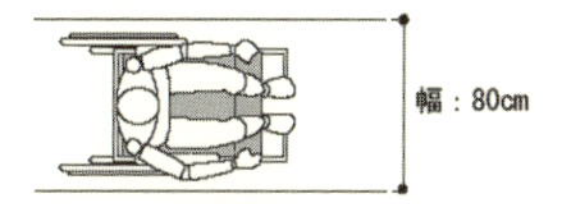


●余裕のある通過及び通行に必要な最低幅

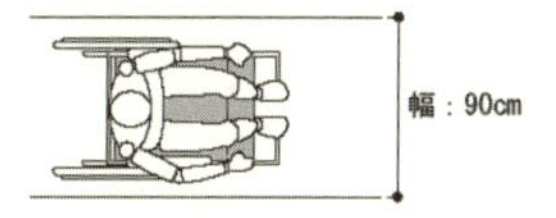


●車椅子と人のすれ違いの最低幅

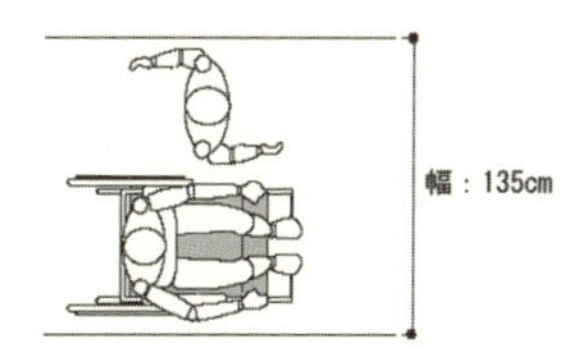


●車椅子と車椅子のすれ違いの最低幅

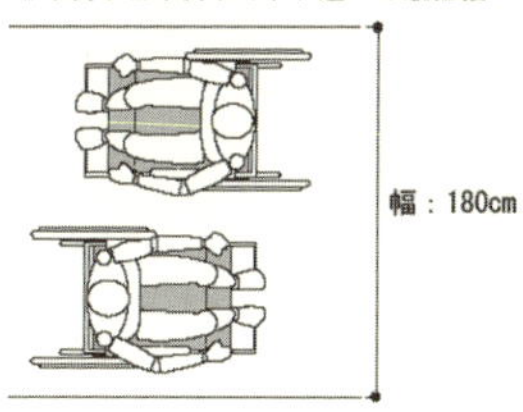


●松葉杖使用者が円滑に通行できる幅

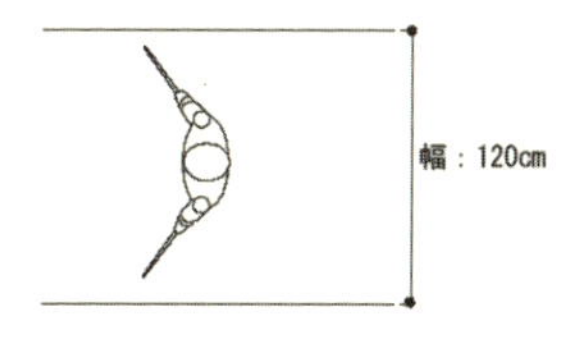


●車椅子が180度回転できる最低寸法

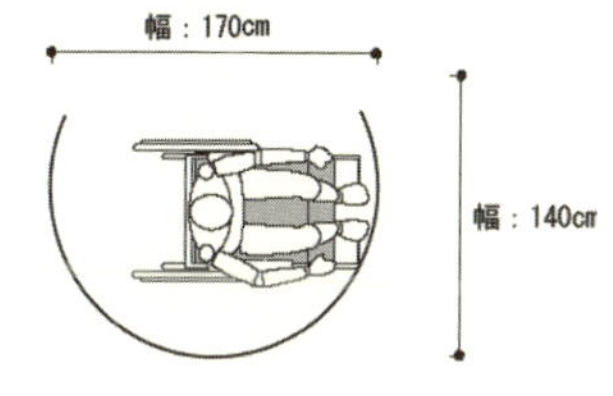


●車椅子が360度回転できる最低寸法

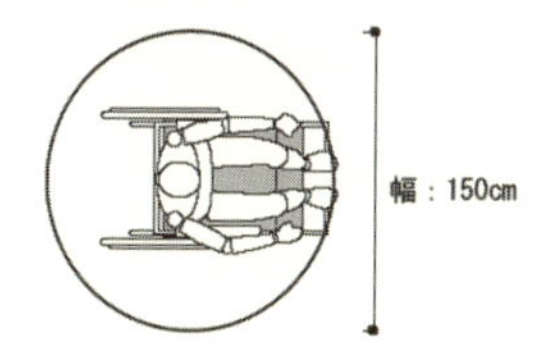


●電動車椅子が360度回転できる最低寸法

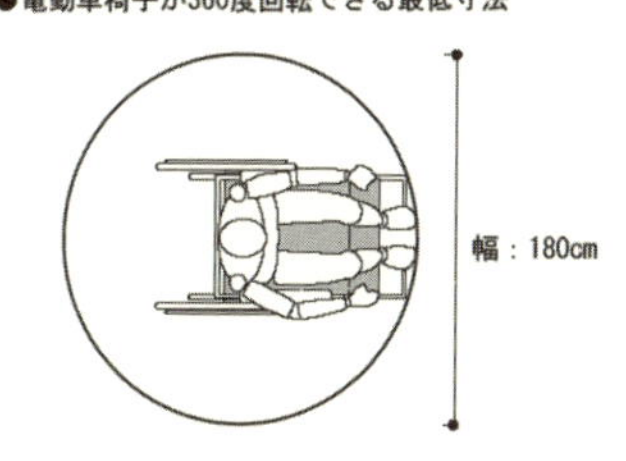


(注意) 手動車椅子の寸法：全幅70cm、全長120cmの場合 (JIS規格最大寸法)

**図 3.4　バリアフリー整備ガイドライン 2013 年 6 月版（執筆当時の最新版）での車いす移動に関する基本寸法条件**

［出典：国土交通省ホームページ（http://www.mlit.go.jp/common/001089597.pdf)］

1,300 mm が基本である。加えて，松葉杖使用者が円滑に通行できる幅は 1,200 mm となる。

**参考 4-1-1：通動型鉄道の姿図**

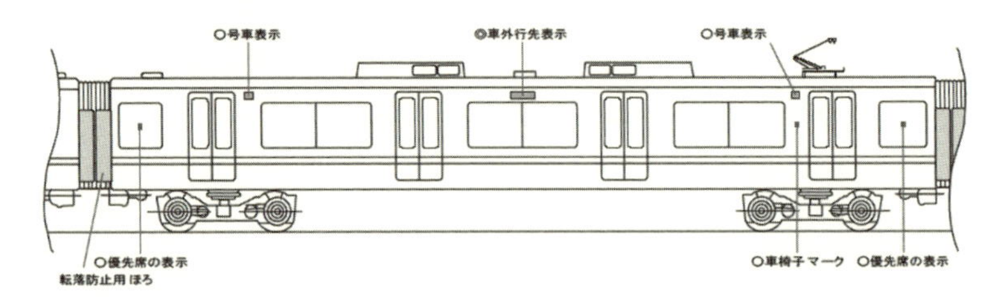


**・ロングシートタイプの例**

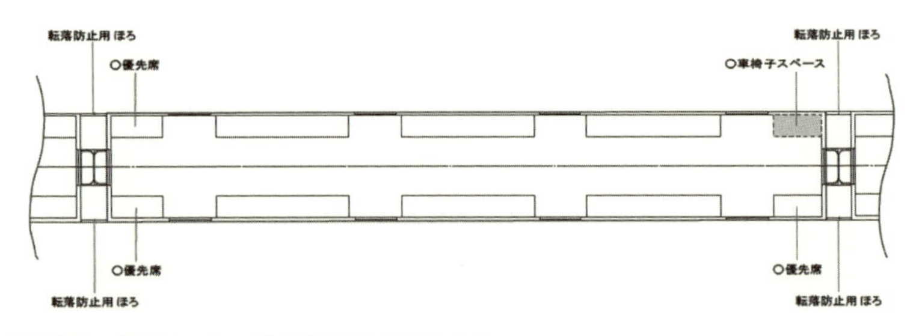


※優先席、車椅子スペースを車両端部に設置した例。

**・セミクロスシートタイプの例**

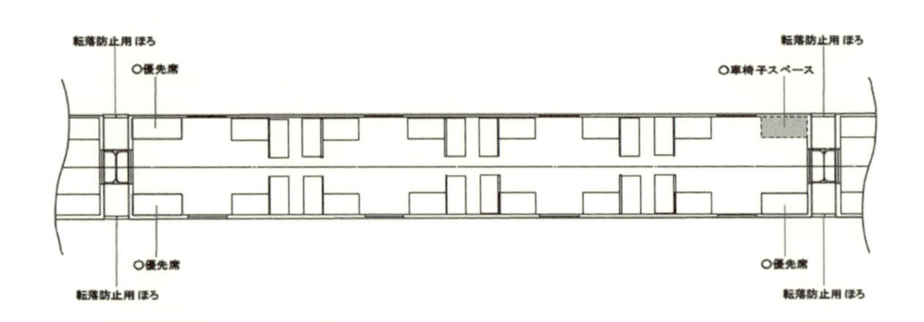


※優先席、車椅子スペースを車両端部に設置した例。

**図 3.5　バリアフリー整備ガイドライン 2013 年 6 月版（執筆当時の最新版）でのエクステリア・インテリアの基本レイアウト（通勤電車）**

［出典：国土交通省ホームページ（http://www.mlit.go.jp/common/001089597.pdf）］

### 3.2.1　鉄道環境

通勤電車については**図 3.5〜3.15** を参照してほしいが，ひとつの要点は，車いすやベビーカーの利用者を考慮し，ドアは最低 800 mm，余裕があれば 900 mm の確保が望ましいとされていることである。このレベルが確保されていれば，多くの車いすやベビーカーの利用者の移動円滑化につながる。行き先や列車の種別については，**図 3.7** のように近年の LED 技術の進展もあり，従来の方向幕よりも多くの情報を動画も交えて，効果的に掲示する動きが盛んで

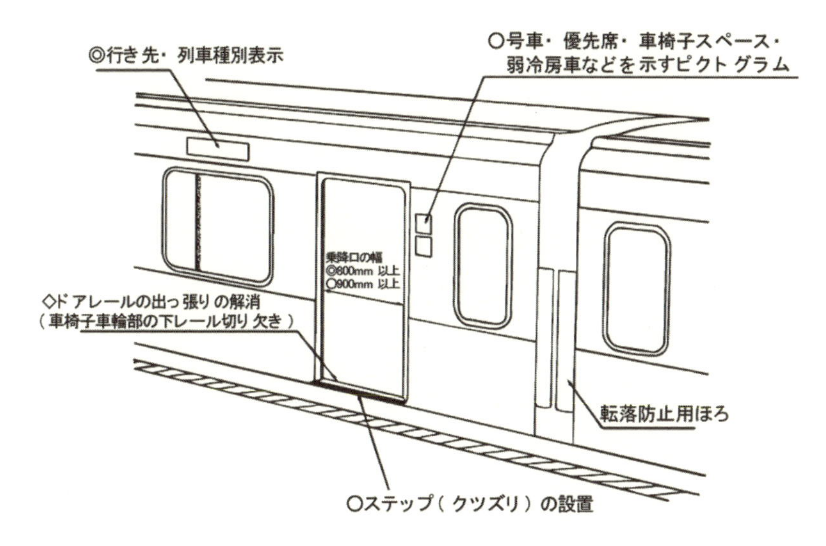


**図 3.6　バリアフリー整備ガイドライン 2013 年 6 月版（執筆当時の最新版）でのエクステリアの基本的な考え方（通勤電車）**
［出典：国土交通省ホームページ（http://www.mlit.go.jp/common/001089597.pdf）］

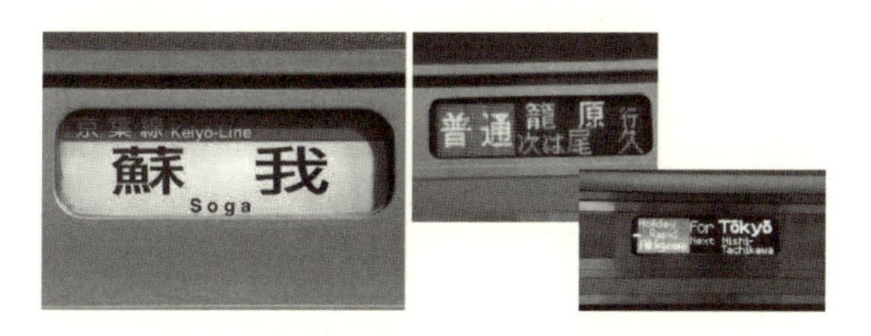


**図 3.7　効果的な情報掲示の例**
従来型の方向幕（左）に比べ，LED 式の方向表示板は情報の種類や量を増やせる。たとえば，次の停車駅まで表示できることは利用者全般に好評である。

ある。また，ドア付近で滑ってけがをしないように，高度防滑性床材を敷設する例も増えている。**図 3.8** は筆者が研究開発プロセスにかかわった高硬度石英成形板の高度防滑性床材の敷設事例で，滑りにくさが公的評価機関である床性能研究会で滑り抵抗値が最適と判断されたもので，他の従来型床材と比べて安全性が高く近年急速に普及している。

車いす利用時のホームと車輌の渡し板については，幅 800 mm 以上，使用時の傾斜は 10 度以下として十分な長さを有するもの，耐荷重 300 kg 程度のものと，最新のガイドラインに記載されている（ただし，構造上の理由で傾斜角 10 度以下の実現が困難な場合には，車いすの登坂性能などを考慮し，可能なかぎり傾斜角 10 度に近づけるものにするよう指定している）。**図 3.9** が渡し板の例であるが，駅員らが手で渡すだけでなく，京浜急行のようにリモコン作動

**図 3.8　筆者が研究開発過程でかかわった高度防滑性床材である高硬度石英成形板「アベイラス・アンプロップ」の鉄道車輌ドア下床材への応用事例（東京メトロ有楽町線・副都心線用 10000 系の例）**［写真提供：株式会社ドペル］

の製品もある。

現行のガイドラインでは，1列車に少なくとも1つ以上の車いすスペースを設けるように指定がある。**図3.10**のようなイメージが望ましく，乗降しやす

**図3.9　鉄道車輌とホームの間の渡し板の例**

いまだに左のような手渡しが多いが，右のようなリモコンの操作で駅員の負担を軽減する取り組み（京急ファインテックのラクープ）の例もある。右は愛媛県の伊予鉄道で採用された事例である。[写真提供：伊予鉄道]

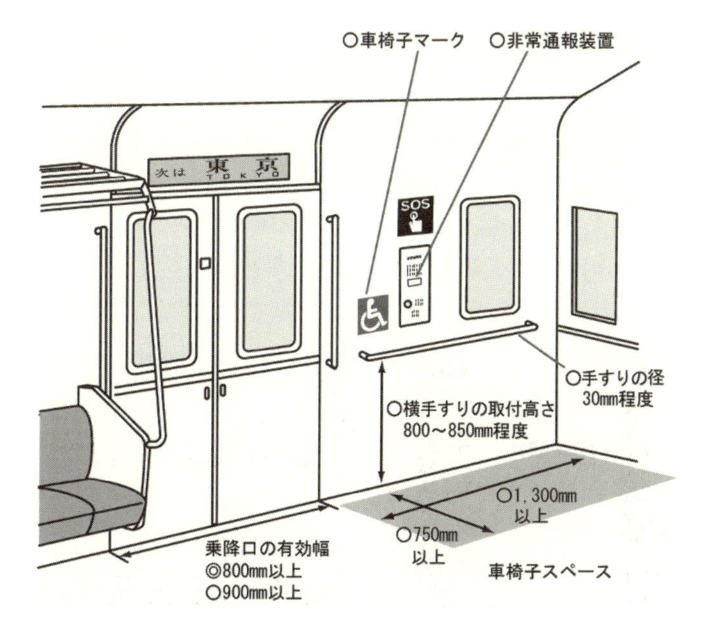


**図3.10　バリアフリー整備ガイドライン2013年6月版（執筆当時の最新版）での車いすスペースの基本的な考え方（通勤電車）**

[出典：国土交通省ホームページ（http://www.mlit.go.jp/common/001089597.pdf）]

いようにドアの横に設ける。車いすスペースは1車輛に1カ所置くのが望ましいが，通勤電車では座席数を増やすことも事業者側の命題であり，車いすスペースをやむなく置かない場合には，このスペースに優先席を設けることが望ましい。なお，車いすスペースは，車いす利用がないときにはベビーカーの利用者が遠慮なく使えるようにすることが望ましく，その告知をシールなどで行なう必要がある。さらに，図3.10のドアのガラスの間に四角があるが，この部分には**図3.11**のように点字も併記して現在位置を知らせる工夫をする。視覚障がい者をはじめ，乗り換えするときなどに現在位置を的確に把握することが必要で，そのための工夫である。

車いす用トイレについては**図3.12**を参照してほしい。路線により車輛自体のサイズや寸法がちがうので，便房全体の大きさは指定されていない。しかし，車いすの操作性を円滑にする寸法は明記されており，この取り回しを円滑にすることを軸にし，ボトムアップで便房全体の大きさを検討し決めていくことになる（**図3.13**）。

情報面では**図3.14**のとおりになっているが，近年ではドアの上に液晶モニターを設けるケースも増えており，**図3.15**のような既存のLED表示よりも情報の種類や量を増やすことに成功している。ドアの開閉も表示および音で示すようになっている。最近は，ドアが閉まりはじめる段階で，上部が赤く点滅するシステムも増えている。

新幹線や在来線の特急・急行のような中・長距離列車の整備ポイントは図

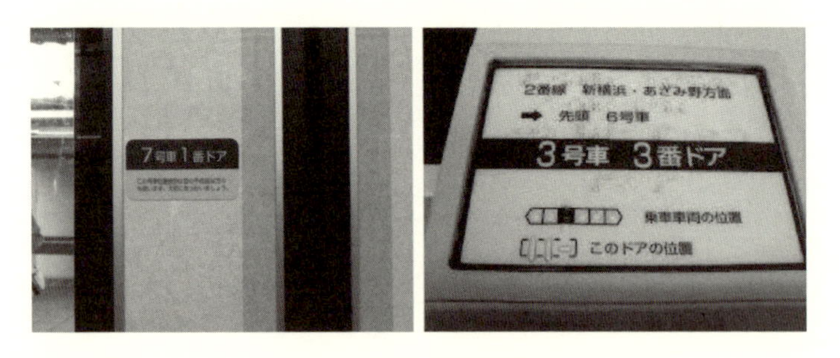


**図3.11　現在位置告知の例**

左は東急電鉄のドア，右は横浜市交通局のホームドアの例である。同じものをホームに貼る例も出ている（東急電鉄など）。

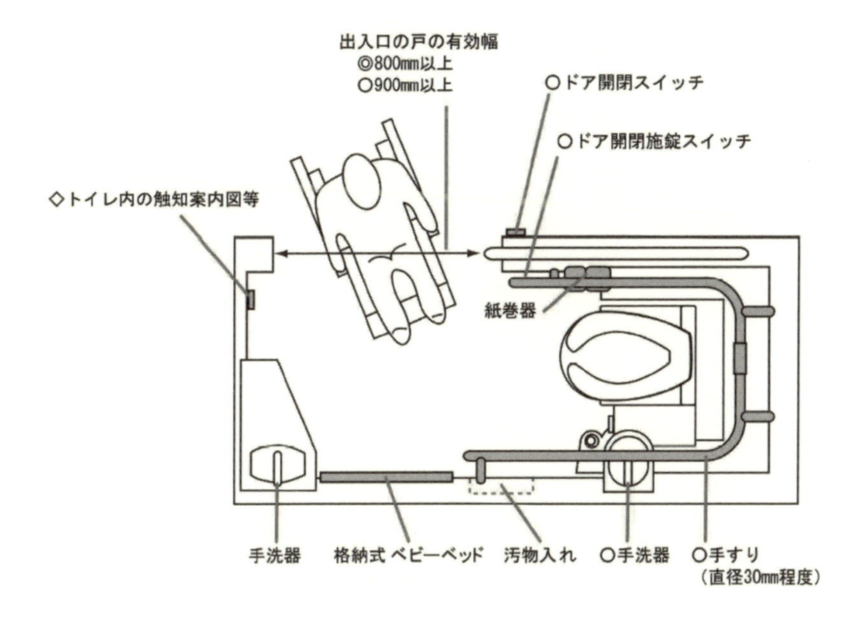


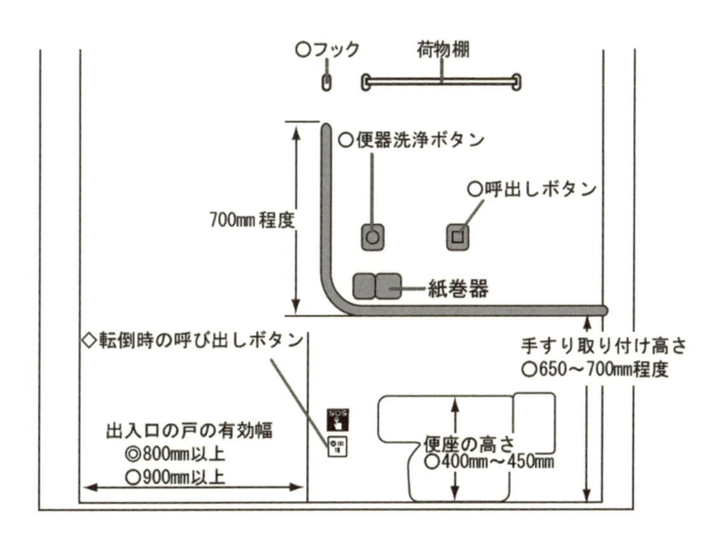


図 3.12　バリアフリー整備ガイドライン 2013 年 6 月版（執筆当時の最新版）での車いす対応トイレの基本的な考え方（通勤電車）
［出典：国土交通省ホームページ（http://www.mlit.go.jp/common/001089597.pdf）］

図3.13　最近の通勤電車用のトイレは，車いす対応で広くなっている

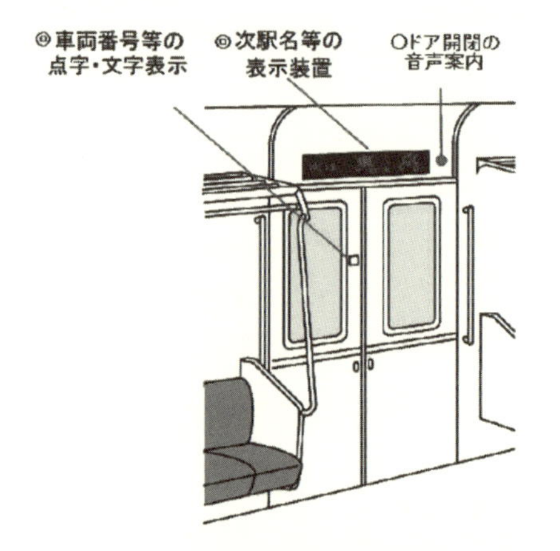


図3.14　バリアフリー整備ガイドライン2013年6月版（執筆当時の最新版）での情報表示の基本的な考え方（通勤電車）
［出典：国土交通省ホームページ（http://www.mlit.go.jp/common/001089597.pdf）］

3.16〜3.22を参照してほしい。整備方針は通勤電車と同じ部分も多い。以下では，通勤電車のポイントとの差分を述べる。まず，ドアについては通勤電車と変わらないが，既存の車輌については**図3.18**のように一部車輌を改造して対応する。

中・長距離列車の場合は，車輌編成が長いものも多く，その際には1列車に

**図 3.15　ドアの上の表示の例**

近年ではドアの上に液晶モニターを設け，情報の量や質を高める工夫もなされている。とくに外国人のために英語・中国語・韓国語の併記例も増えている。

2 以上の車いすスペース（多目的室が利用できる場合も含む）を設けるように指定がある。**図 3.19** の車いすスペースの広さは最低ラインである。1,400 mm 以上 ×800 mm 以上とすることが本当は望ましい。さらに，車いすが転回できるように 1,500 mm 以上 ×1,500 mm 以上の広さを確保することが，より期待される。

長距離列車では，トイレや洗面所の対応も重要であるが，トイレについては前記した通勤電車と基本的に同じ設計要点となる。洗面所については，**図 3.20** が基本的な考え方になる。車いす利用者が洗面器に十分近づけるように洗面器下に切り欠きのスペースを設けることがポイントで，十分な工夫が求められる。

この他，**図 3.21** のように，車内のドア上に案内表示を設けることが必要である（**図 3.22** も参照）。ロービジョン者・色覚異常者に配慮して，見分けやすい色の組合せを用い，表示要素ごとの輝度コントラスト（色覚異常者の色の見え方と区別の困難な色の組合せを考慮）を確保した表示とすることも重要な整備要点になっている。

さらに，路面電車用車輛（低床式の LRT も含む）やモノレール，ケーブルカーなどの車輛も，おおむね通勤車輛に準じた対応が整備ガイドラインで求められている。

**参考 4-1-34：都市間鉄道の姿図**

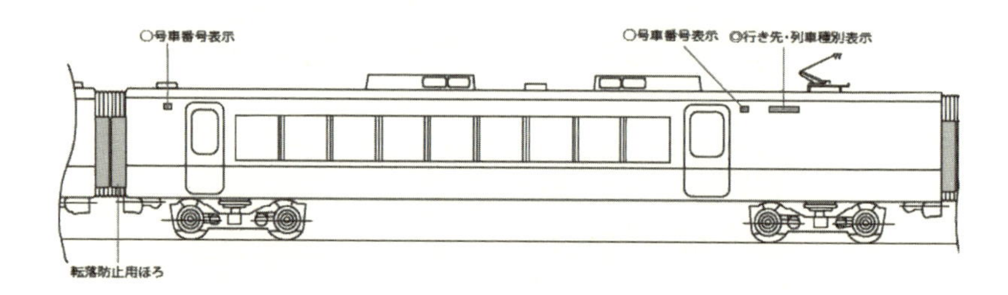


**・JR 在来線、民鉄の例**

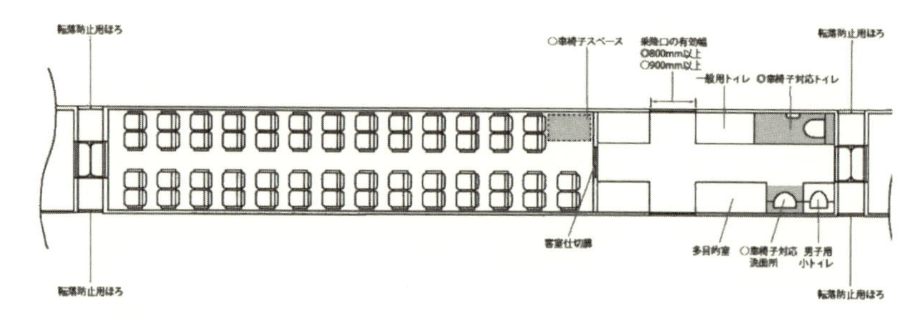


**・新幹線の例**

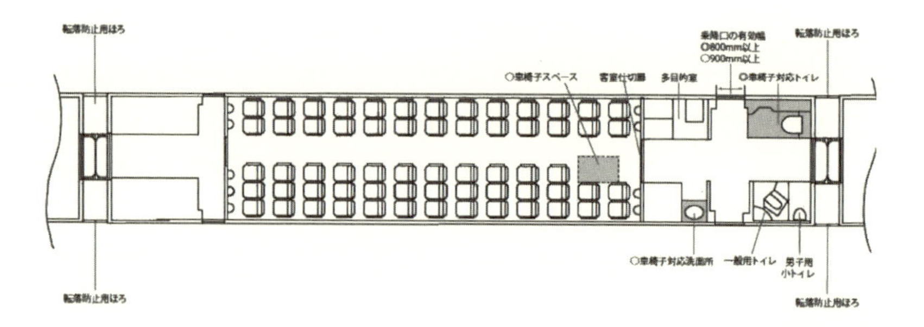


**図 3.16　バリアフリー整備ガイドライン 2013 年 6 月版（執筆当時の最新版）でのエクステリア・インテリアの基本レイアウト（新幹線や都市間の特急電車など）**
［出典：国土交通省ホームページ（http://www.mlit.go.jp/common/001089597.pdf）］

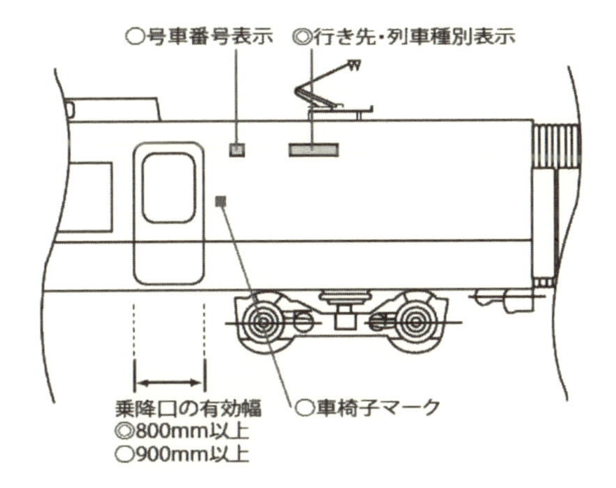


図 3.17 バリアフリー整備ガイドライン 2013 年 6 月版（執筆当時の最新版）でのエクステリアのポイント（新幹線や都市間の特急電車など）
［出典：国土交通省ホームページ（http://www.mlit.go.jp/common/001089597.pdf）］

図 3.18 富士急行 8000 系
もともとは小田急ロマンスカーの車輌で，眺望を重視し全車床を上げたハイデッカー方式で採用されたが，富士急行に来たときに障がい者やベビーカーでの乗降を考慮し，乗降口の一部段差を除去する工事を行なった。

・横 2 座席分の例

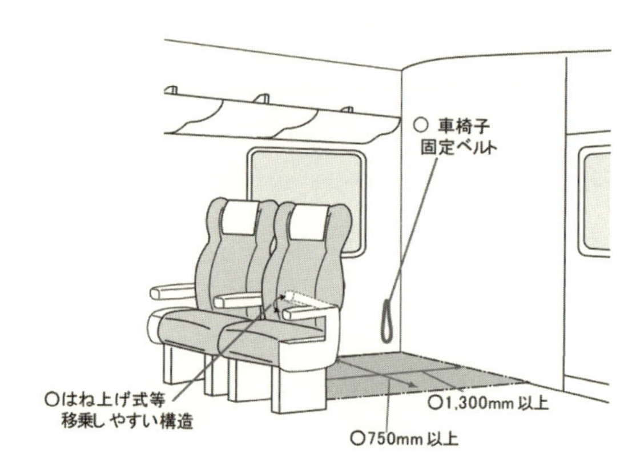


・縦 2 座席分の例

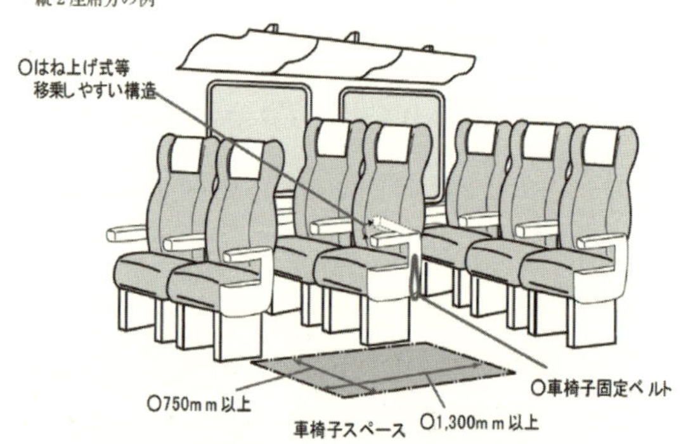


・縦 2 座席分×横 2 座席分の例

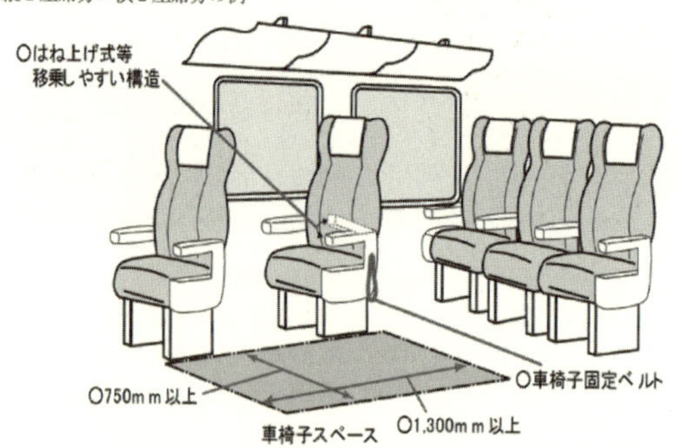


**図 3.19　バリアフリー整備ガイドライン 2013 年 6 月版（執筆当時の最新版）での車いすスペースのポイント 3 パターン（新幹線や都市間の特急電車など）**

［出典：国土交通省ホームページ（http://www.mlit.go.jp/common/001089597.pdf）］

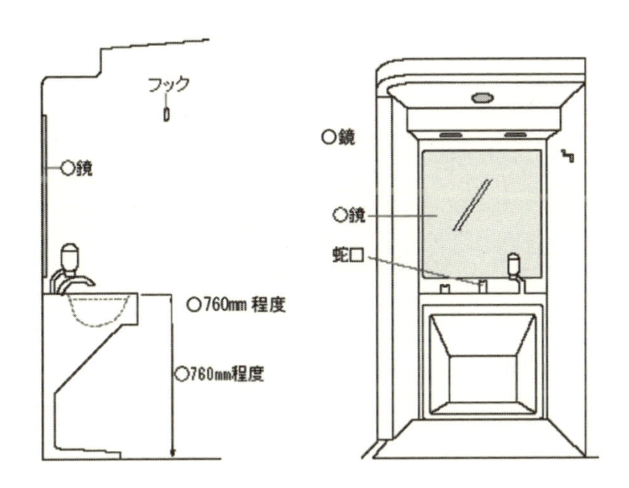


図 3.20　バリアフリー整備ガイドライン 2013 年 6 月版（執筆当時の最新版）での洗面所設計のポイント（新幹線や都市間の特急電車など）
［出典：国土交通省ホームページ（http://www.mlit.go.jp/common/001089597.pdf）］

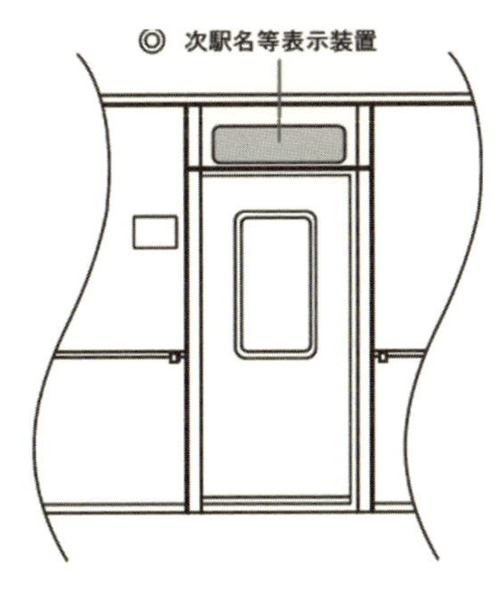


図 3.21　バリアフリー整備ガイドライン 2013 年 6 月版（執筆当時の最新版）での車内案内表示のポイント（新幹線や都市間の特急電車など）
［出典：国土交通省ホームページ（http://www.mlit.go.jp/common/001089597.pdf）］

**図 3.22　車内案内表示の例**

最近の中・長距離特急電車の車内では，白色 LED を用いたコントラストのついたわかりやすい表示が多い。ただし，2段式表示では文字サイズが小さくなることもあり，状況に応じて1段式でのスクロールを検討する必要性もある。

車輌に続き，ターミナルの整備ポイントは**図 3.23〜3.42** のとおりである。移動経路については，車いすやベビーカーでの移動負担を考慮したうえでの基準であり，鉄道に限定されず公共交通ターミナル（バスターミナルや空港，港など）の共通指針であるので，読者はその点を十分に注意されたい。ここでもコントラスト（誘導ブロックなどの視認性を得るための周囲との見えやすさの対比）確保のためのより有効な指標として，「輝度コントラスト」の意識が促されている。

階段やスロープでは，背の低い人，特定疾患などで姿勢がやむなく悪くなっている人や子どもを意識して，**図 3.25** や**図 3.26** のように，手すりを2タイプ設置することがポイントである。ユニバーサルデザインに従うと最大公約数的製品をひとつ設ければよいという発想も根強くあるが，こうして必要に応じて選択肢を設けることも大切な視座である。ロナルド・メイスのユニバーサルデザインの7原則に「柔軟」という原則があり，2タイプの手すりは柔軟な対応の重要な事例である。

整備ガイドラインでは，階段の整備ポイントも**図 3.27** のとおりに紹介されるが，今後は夜間のことも考慮する必要がある。筆者が研究開発プロセスに参画してきたような蓄光性床材を採用し，**口絵 2** のように夜間緊急時の安全性を担保する必要性も高い。階段の事故は高齢者を中心に多いので，上記の注意

参考 2-1-2：公共用通路との出入口の例

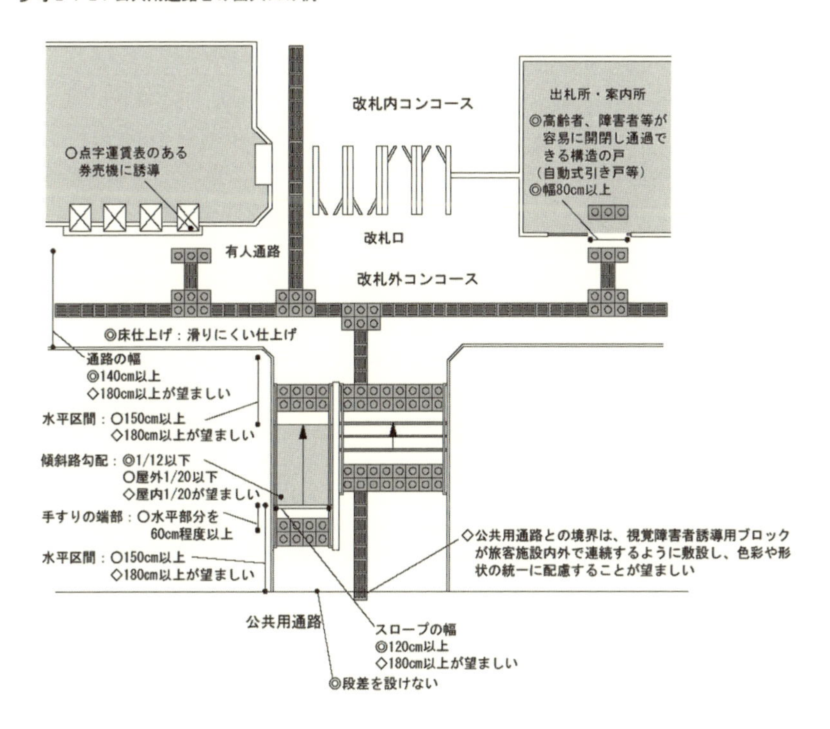


■戸のある出入口の例

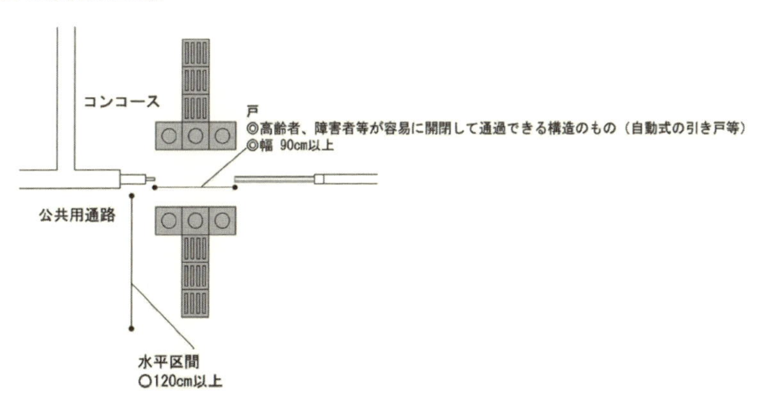


図 3.23 バリアフリー整備ガイドライン 2013 年 6 月版（執筆当時の最新版）での公共交通ターミナル共通の移動経路の整備ポイント (1)
［出典：国土交通省ホームページ（http://www.mlit.go.jp/common/001089598.pdf)］

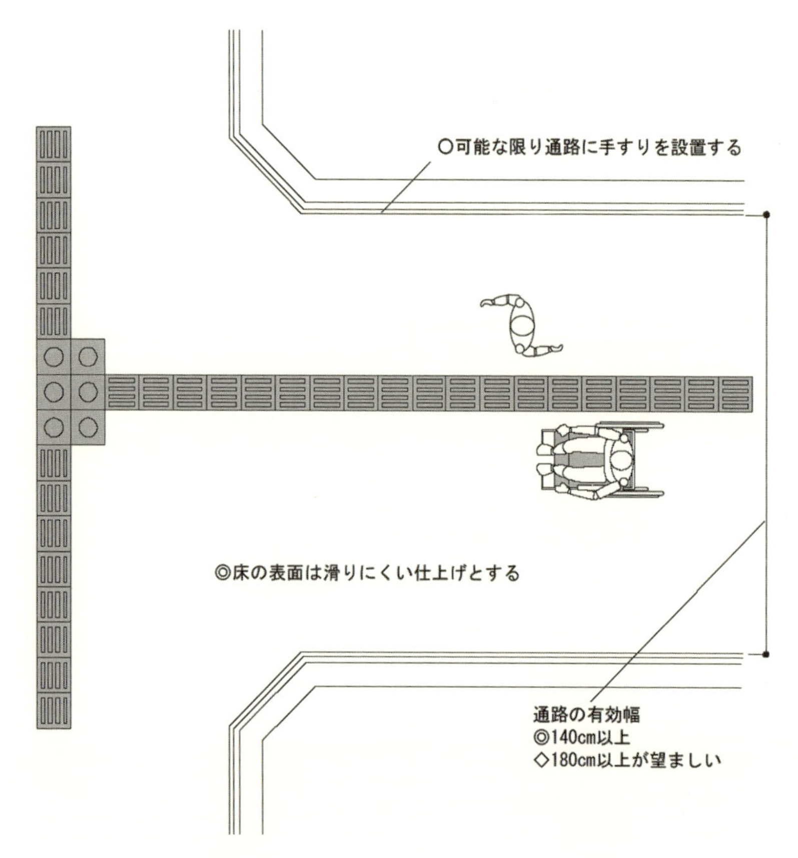


図 3.24　バリアフリー整備ガイドライン 2013 年 6 月版（執筆当時の最新版）での公共交通ターミナル共通の移動経路の整備ポイント（2）
［出典：国土交通省ホームページ（http://www.mlit.go.jp/common/001089598.pdf）］

参考 2-1-15：移動等円滑化された経路を構成する傾斜路の例

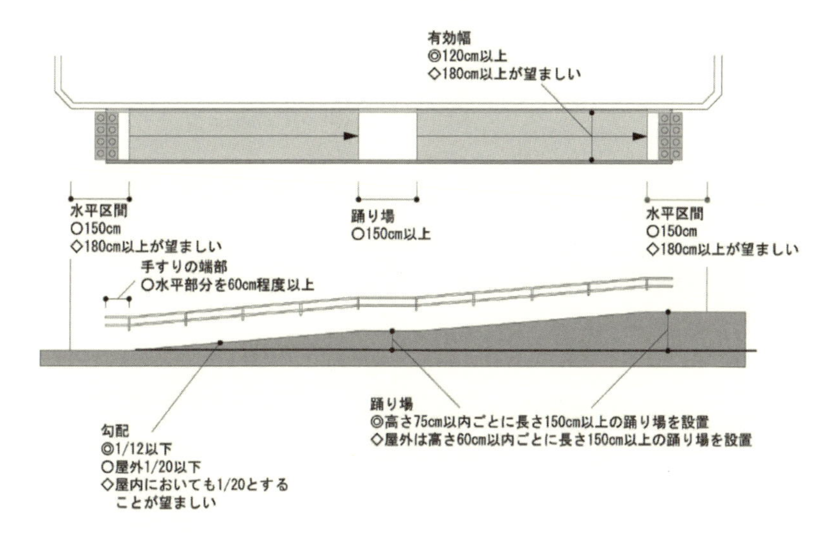


注）上図は、直棒状の２段手すりを設置した場合の例

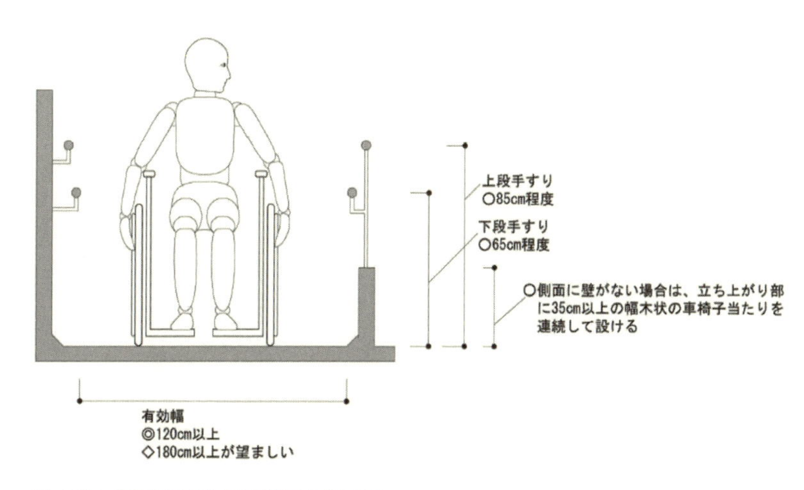


注）上図は、直棒状の２段手すりを設置した場合の例

図 3.25　バリアフリー整備ガイドライン 2013 年 6 月版（執筆当時の最新版）での公共交通ターミナル共通の移動経路の傾斜のポイント（1）
［出典：国土交通省ホームページ（http://www.mlit.go.jp/common/001089598.pdf）］

参考 2-1-18：階段の例

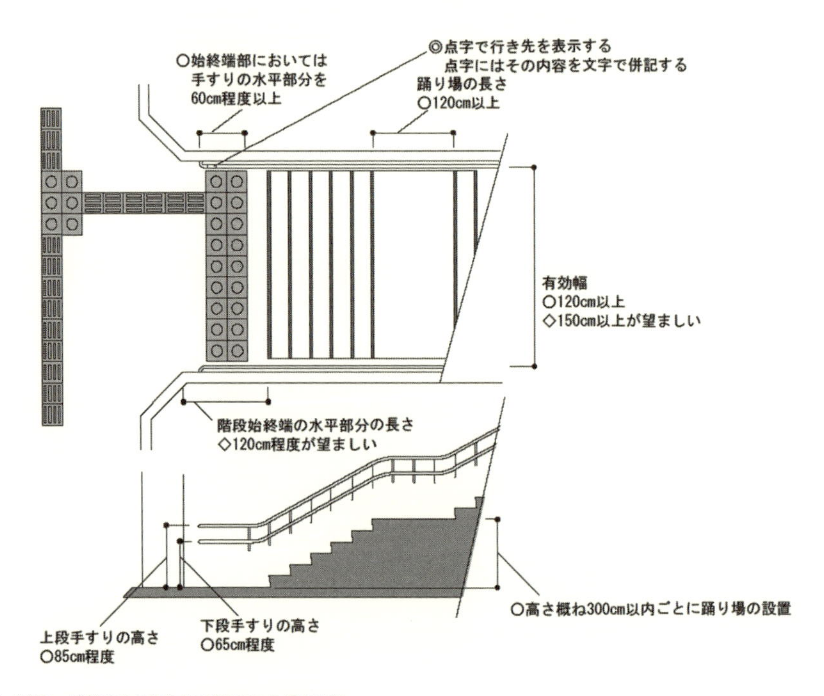


注）上図は、直棒状の２段手すりを設置した場合の例

参考 2-1-19：蹴上げ・踏面の例

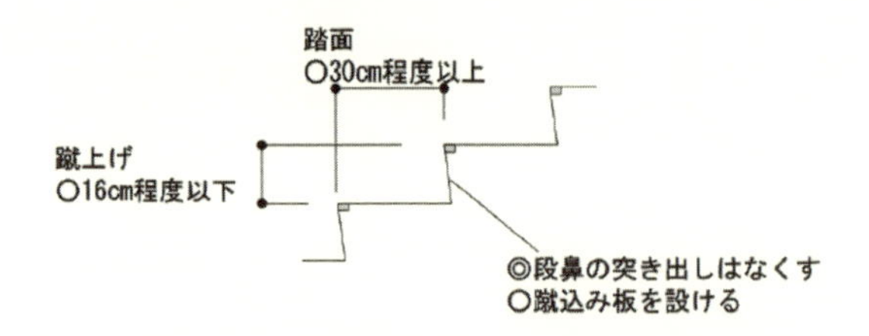


図 3.26　バリアフリー整備ガイドライン 2013 年 6 月版（執筆当時の最新版）での公共交通ターミナル共通の移動経路の傾斜のポイント（2）
［出典：国土交通省ホームページ（http://www.mlit.go.jp/common/001089598.pdf）］

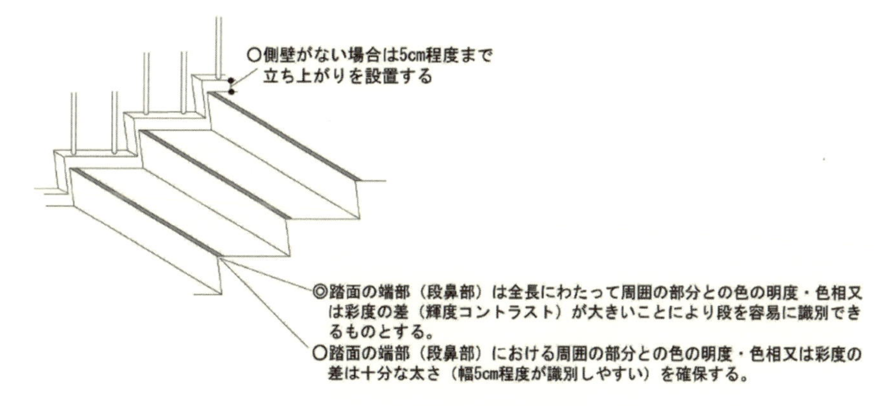


**図 3.27 バリアフリー整備ガイドライン 2013 年 6 月版（執筆当時の最新版）での公共交通ターミナル共通の階段整備のポイント**
［出典：国土交通省ホームページ（http://www.mlit.go.jp/common/001089598.pdf）］

が必要である（エレベーターとエスカレーターの整備ポイントを**図 3.28** と**図 3.29** に示す）。

誘導については，サインを用いることが推奨されている。40〜50 歳ぐらいからの視力低下，聴覚障がい者の情報収集の困難，日本語の理解が難しい訪日外国人の増加も考慮すると，サインで一目瞭然に情報を提示していくことが必須である。これは子どもにも有用であり，国際標準化を進めていくことで，日本人が海外に行く場合にも情報認知面での安全と安心が担保される。**口絵 3** が具体例である。極力コントラストをつけるようになっており，視覚障がい者も考慮されている。

**図 3.30** のとおり，サインの設置では，車いすの使用者のことも考慮が必要である。おおむねこれを念頭に置けば，小学生水準の視線も意識できるので採用が望まれる。

トイレも，通常の男女別トイレで簡易的に多くの人を包含できるようにする**図 3.31** タイプ，最低基準を満たした**図 3.32** のような誰でもトイレ（男女別から独立して誰もが利用できるようにしたトイレ），**図 3.33** のように望ましい水準を満たした誰でもトイレの 3 種類が，整備ガイドラインで提示されている。空間的に容量が不足する場合やコストがやむをえず不足する場合を想定し，

参考 2-1-22：エレベーターの平面の例

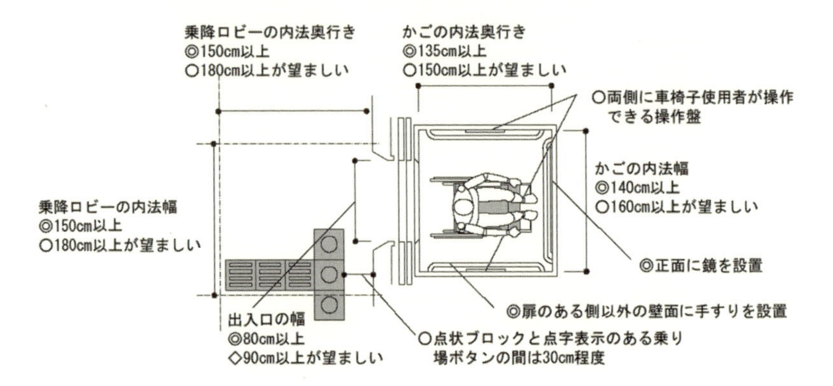


参考 2-1-23：エレベーターの正面の例

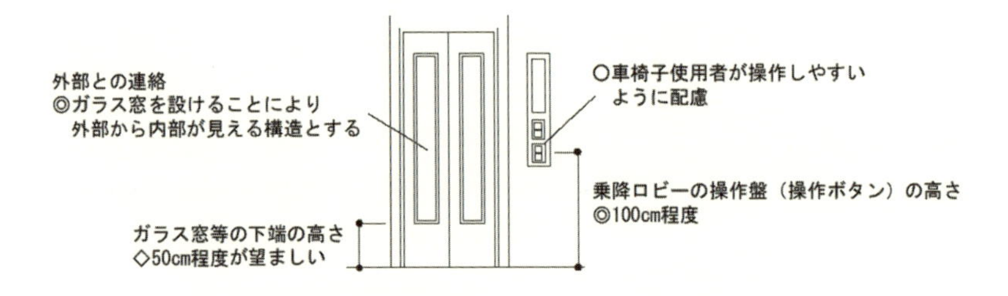


参考 2-1-24：エレベーターの断面の例

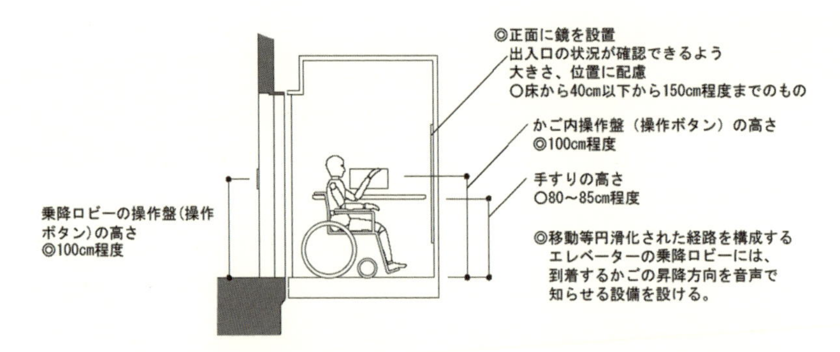


図 3.28　バリアフリー整備ガイドライン 2013 年 6 月版（執筆当時の最新版）での公共交通ターミナル共通のエレベーターの整備ポイント
［出典：国土交通省ホームページ（http://www.mlit.go.jp/common/001089598.pdf）］

参考 2-1-32：エスカレーターの例

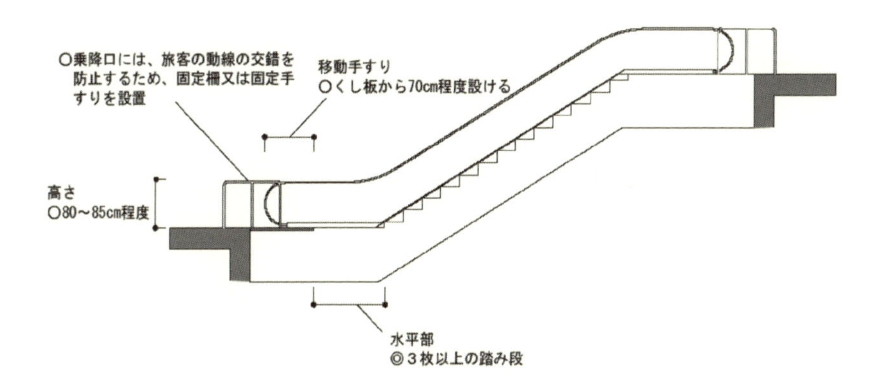


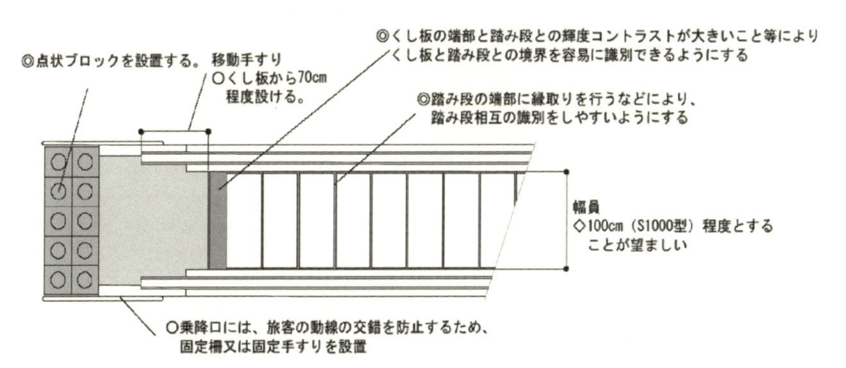


注）固定柵又は固定手すりの設置にあたっては、エスカレーターとの間隔が狭いと、人や物が巻き込まれる危険性があるため、その取付位置について十分な検討が必要である。なお、モデル図に示すように固定手すりを移動手すりの外側に一部重なるように設置することにより、この危険性を回避できる。

図 3.29　バリアフリー整備ガイドライン 2013 年 6 月版（執筆当時の最新版）での公共交通ターミナル共通のエスカレーターの整備ポイント
［出典：国土交通省ホームページ（http://www.mlit.go.jp/common/001089598.pdf）］

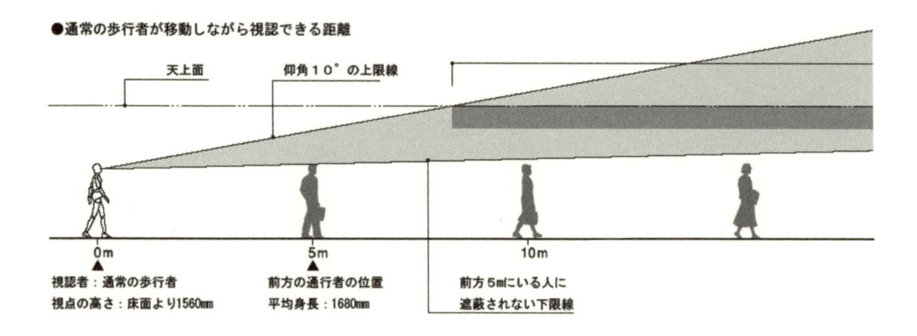


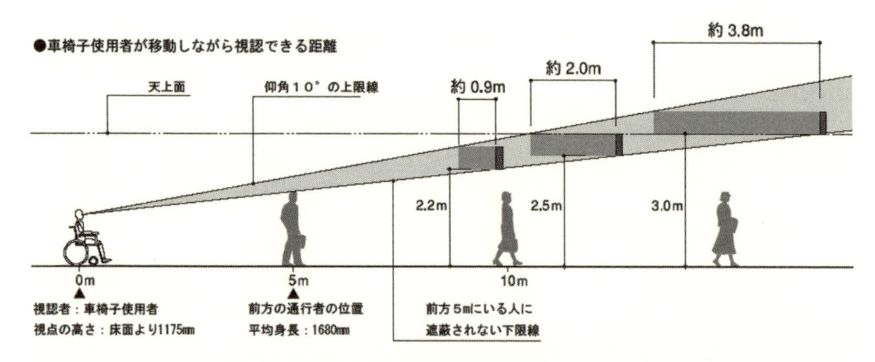


図 3.30　バリアフリー整備ガイドライン 2013 年 6 月版（執筆当時の最新版）で提示されている公共交通ターミナル共通のサイン設置のポイント
［出典：国土交通省ホームページ（http://www.mlit.go.jp/common/001089598.pdf）］

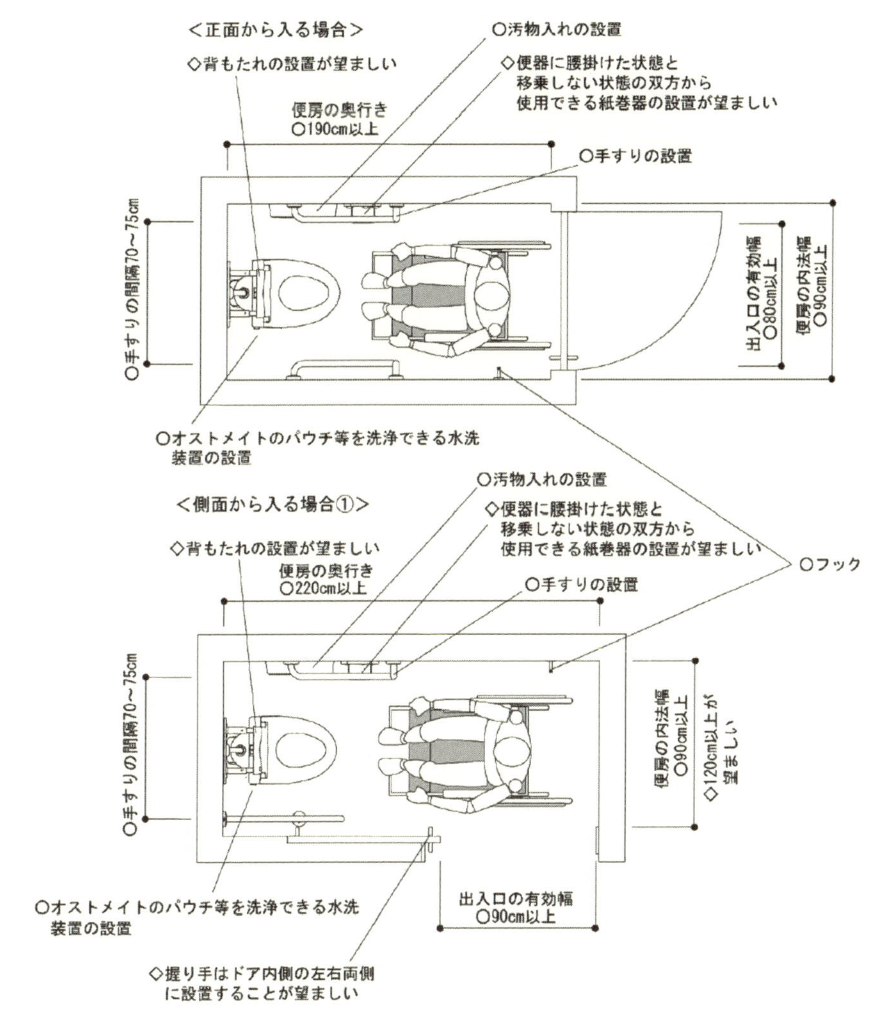


**図 3.31**　バリアフリー整備ガイドライン 2013 年 6 月版（執筆当時の最新版）で提示されている公共交通ターミナル共通のトイレ設計（いわゆる誰でもトイレとは異なり，通常の男女別トイレの中で対応する際の簡易型の障がい者対応トイレ）

［出典：国土交通省ホームページ（http://www.mlit.go.jp/common/001089598.pdf）］

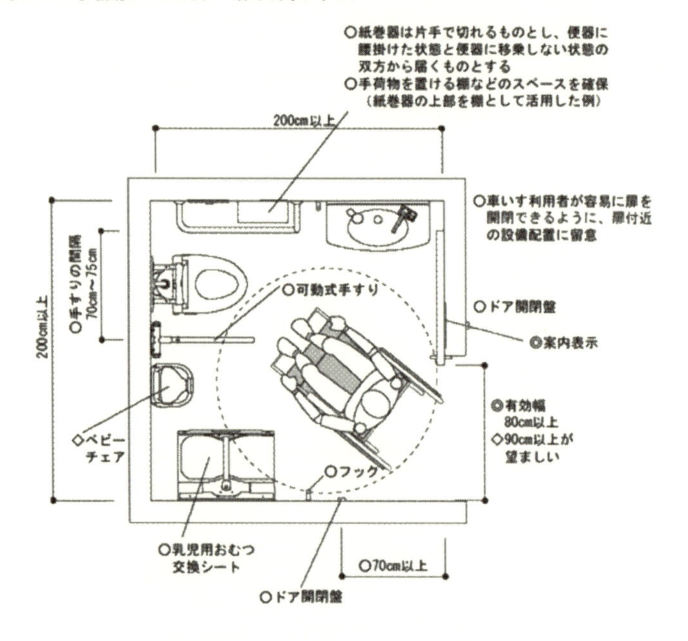


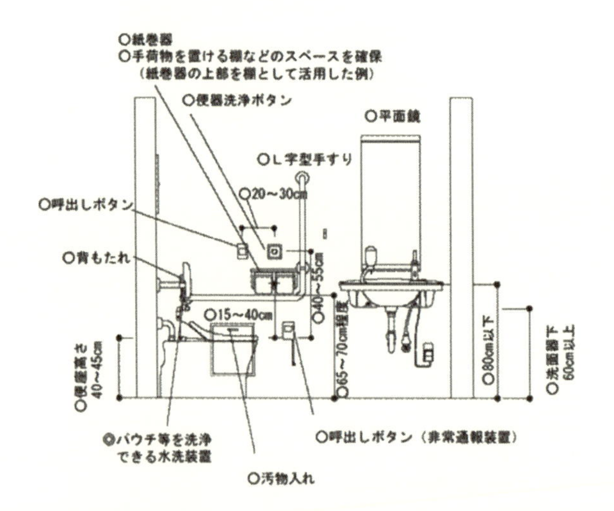


図 3.32　バリアフリー整備ガイドライン 2013 年 6 月版（執筆当時の最新版）で提示される公共交通ターミナル共通のトイレ設計（誰でもトイレの最低ライン）
［出典：国土交通省ホームページ（http://www.mlit.go.jp/common/001089598.pdf）］

参考 2-3-10：多機能トイレの例 2（望ましいプラン）

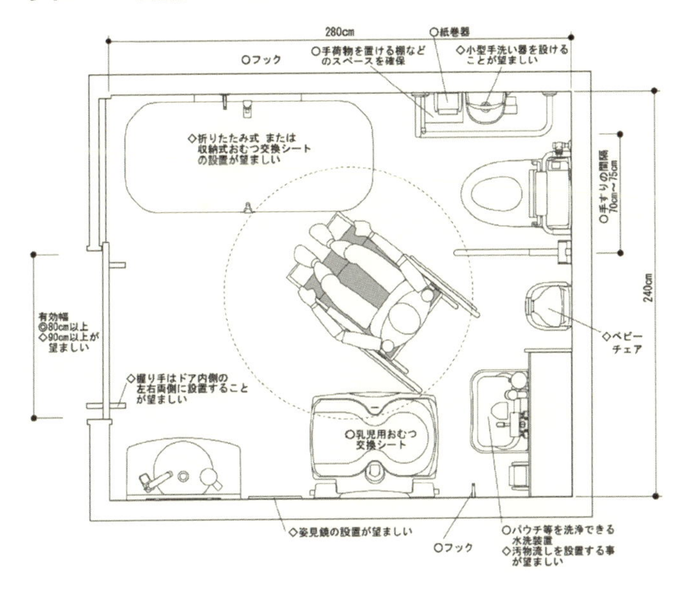


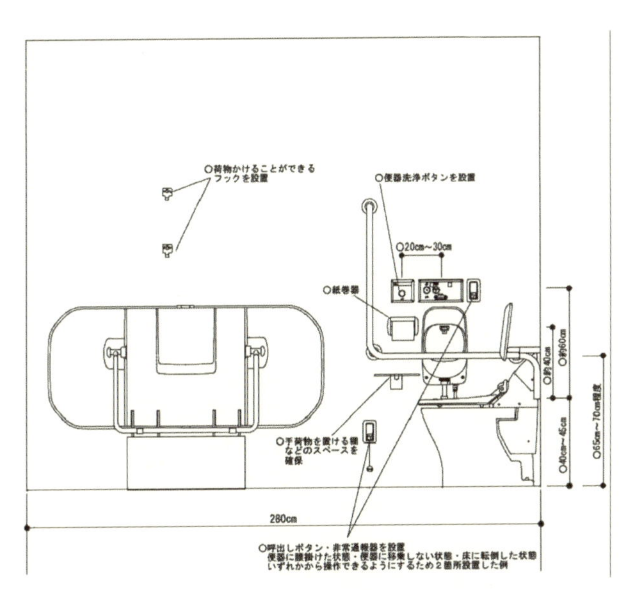


図 3.33 バリアフリー整備ガイドライン 2013 年 6 月版（執筆当時の最新版）で提示される公共交通ターミナル共通のトイレ設計（誰でもトイレの望ましい水準）

［出典：国土交通省ホームページ（http://www.mlit.go.jp/common/001089598.pdf）］

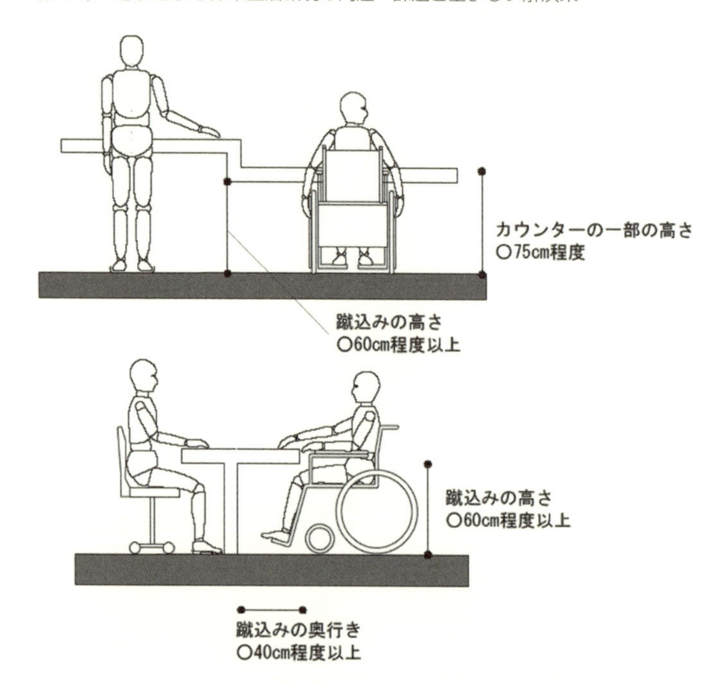


図 3.34　バリアフリー整備ガイドライン 2013 年 6 月版（執筆当時の最新版）で提示される公共交通ターミナル共通の有人窓口の設計ポイント
［出典：国土交通省ホームページ（http://www.mlit.go.jp/common/001089598.pdf）］

図 3.35　通常より 30 cm 低い，車いす対応のみどりの窓口カウンター（松江駅）
［車いす探検隊ホームページ「第 1 回 JR 松江駅」（http://hot-matsue.com/hot-matsue/tanken/tanken001.html）より許諾を得て転載］

参考 2-3-16：券売機の例

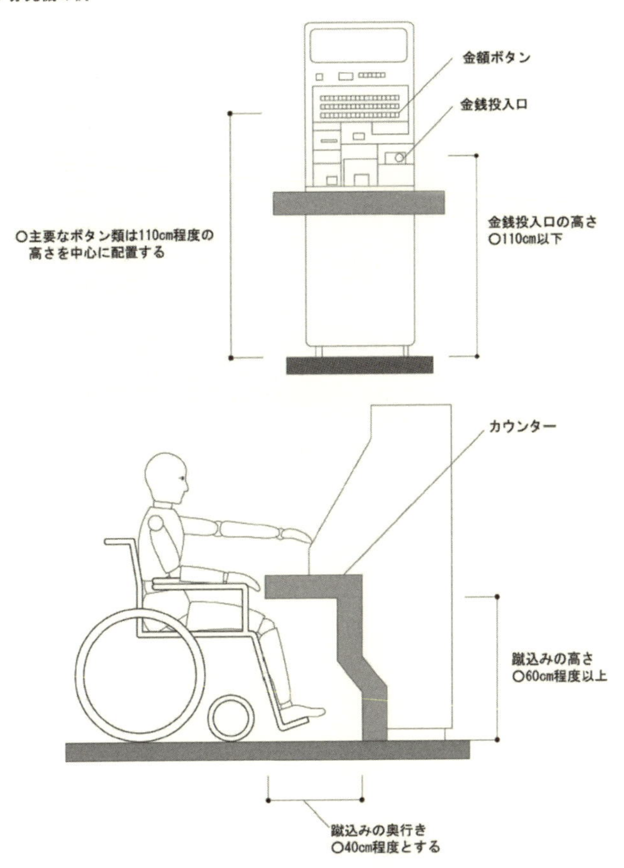


JIS　T0921で示された自動券売機の点字表示位置の例

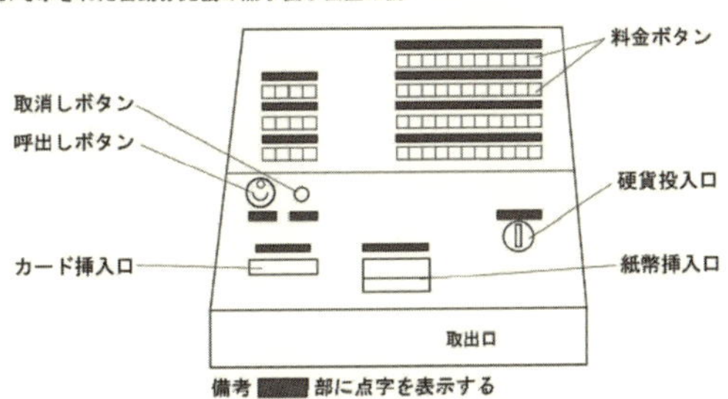


図 3.36　バリアフリー整備ガイドライン 2013 年 6 月版（執筆当時の最新版）で提示される公共交通ターミナル共通の自動券売機の設計ポイント
［出典：国土交通省ホームページ（http://www.mlit.go.jp/common/001089598.pdf）］

図 3.37　東京都交通局のバリアフリー券売機の例

自動券売機の下に足を入れられるので，料金ボタンを押す際の負担がない。［東京都交通局ホームページ（http://www.kotsu.metro.tokyo.jp/subway/kanren/barrierfree.html）より許諾を得て転載］

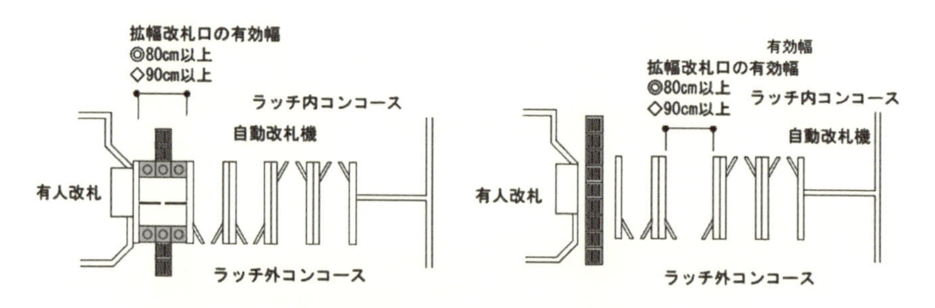


図 3.38　バリアフリー整備ガイドライン 2013 年 6 月版（執筆当時の最新版）で提示される公共交通ターミナル共通の自動改札機の設計ポイント

［出典：国土交通省ホームページ（http://www.mlit.go.jp/common/001089598.pdf）］

**参考 3-1-3：プラットホームの例**

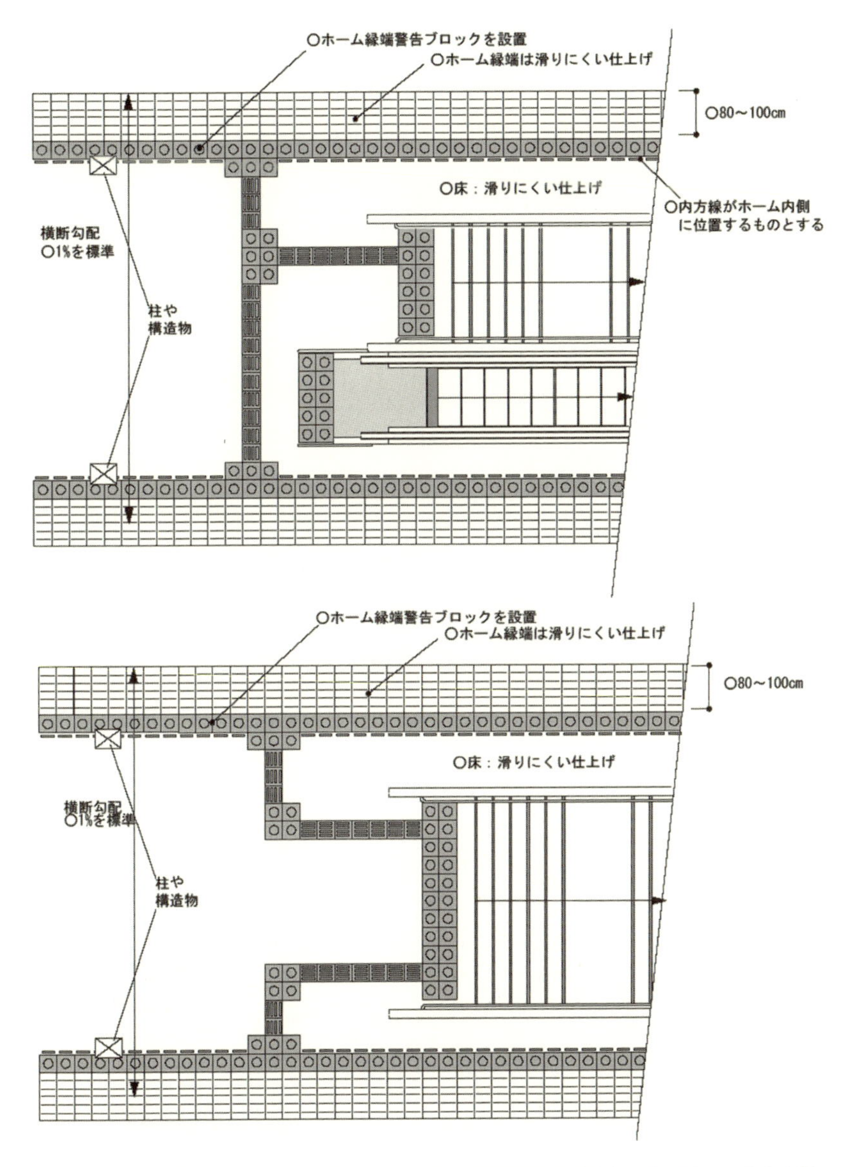


**図 3.39　バリアフリー整備ガイドライン 2013 年 6 月版（執筆当時の最新版）で提示される公共交通ターミナル共通のホーム設計の設計ポイント**
［出典：国土交通省ホームページ（http://www.mlit.go.jp/common/001089598.pdf）］

<ホームドア・可動式ホーム柵の場合の開口部の敷設例>

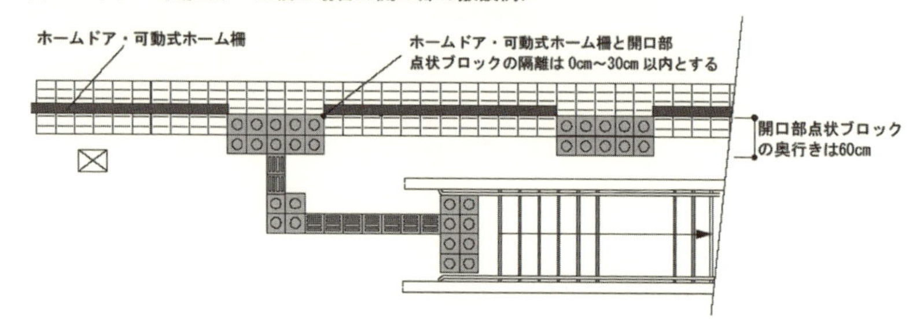


<固定式ホーム柵の場合の開口部の敷設例>

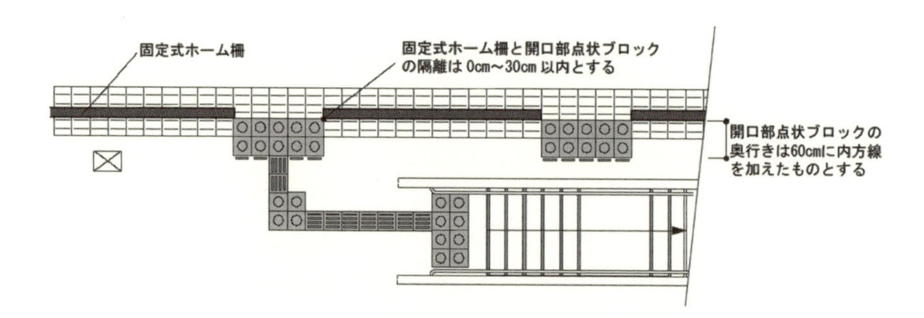


**図 3.39**　（つづき）

**図 3.40　車輌の仕様に関係なく安全を保てる昇降型のホームドア（東急電鉄）**

松・竹・梅の3種類の対応方法が整備ガイドラインで示されている。近年では，多くの誰でもトイレで子どもと親の存在が意識されており，おむつの交換も考慮されている。

チケットを購入する場でもいろいろな工夫が必要であるが，**図3.34**や**図3.35**のように有人のカウンターの場合は，多様な高さのつくえを用意し，車いすで足を十分に下に入れられるようにして，販売者と購買者のコミュニケーションがとりやすいようにすることが肝要である。自動券売機の場合は，車いすの利用者の足が機械の下に十分に入るようにし，ボタンを押しやすいように工夫が必要である（**図3.36**，**図3.37**）。

ただし，ユニバーサルデザインの観点でいえば，スイカなどのICカードやスマートフォンや携帯電話を利用したモバイルICカードの利用が，切符を購入する負担を大きく削減でき，ユニバーサルデザインに近づく。モバイル方式では電子マネー方式になるので，入金の手間も省ける。国内の地方部では，大手のスイカやパスモなどのICカードが使えない地域がまだ多い。障がい者の団体からも，これを全国でシームレスに使えるようにしてほしいという声が根強くある。今後は，地域に関係なく互換性のあるICカードが使えるようにする必要がある（自動改札機の設計ポイントを**図3.38**に示す）。

ホーム整備の設計は，ポイントが**図3.39**のとおりになっているが，特に今後はホームドアが普及することを念頭に設計基準を設けていく必要がある。いまだ人身事故が多い状況を視野に入れ，ホームドアは今後も普及する模様であるが，車輌の仕様統一が困難で，現行タイプのホームドアを導入できない事例が後を絶たない。しかしここにきて，車輌の仕様統一の必要がないホームドアの研究開発が進められており，**図3.40**のような柔軟性の高いタイプも重要な手段になる（東急電鉄やJR西日本が採用している）。

### 3.2.2　バス環境

路線バスについては，現在，国土交通省がノンステップバスの標準仕様化とその量産および普及による価格低減をねらった政策を展開している。読者の皆さんも**図3.41**のようなノンステップバス標準仕様を示すステッカーを貼った路線バスを見たことがあるだろう。標準仕様は，バリアフリー整備ガイドライ

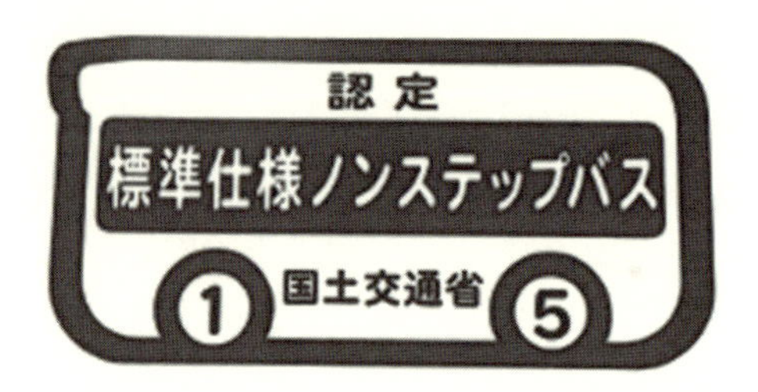


図 3.41　国土交通省の認定標準仕様ノンステップバスを示すステッカー

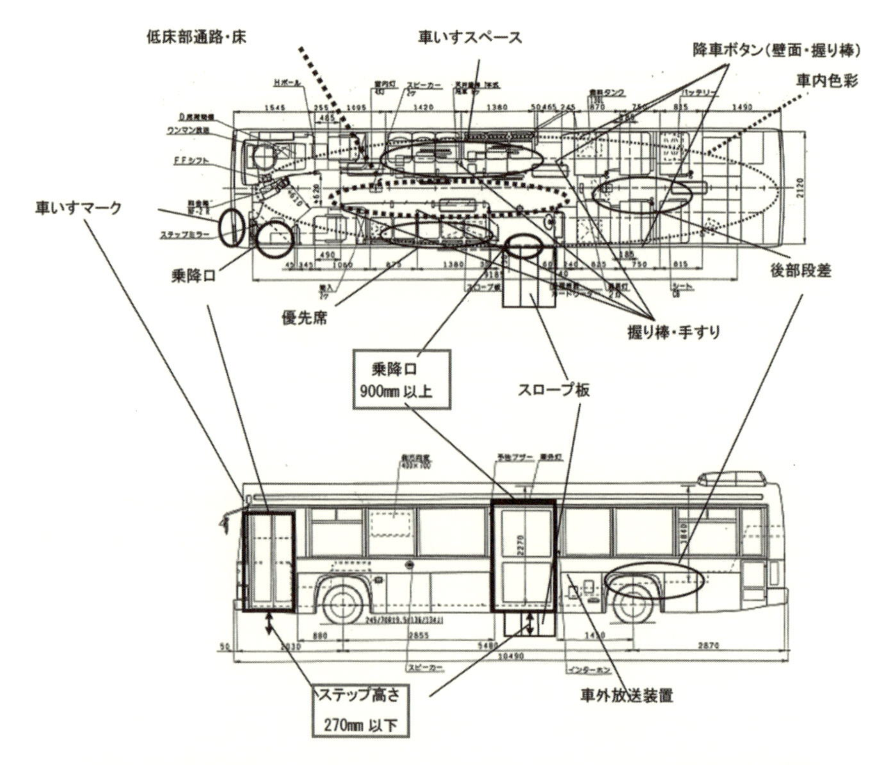


図 3.42　国土交通省標準ノンステップバスの基準寸法（ステップの高さと乗降口の幅が重要）
［出典：国土交通省ホームページ（http://www.mlit.go.jp/kisha/kisha06 /09 /090320 /01.pdf)］

ンを念頭に置いたものである。ノンステップバスも，本書執筆時点で日本国内での本格的普及から15～16年が経過しており，事業者も新車で積極的に導入するケースが増えてきた。**図 3.42** が標準仕様の基準である。

高齢者や障がい者，子ども連れの親（ベビーカー利用時）のバス利用を検討し，今は次のような寸法を用いることがノンステップバス認定の基準になっている。ノンステップバスのものであるが，やむなく車輛の運用地域が山間部などでワンステップバスにせざるをえない場合も，車内の設計基準で用いることができる。

・車いす乗降用出入口の有効幅を 900 mm 以上（小型は 800 mm 以上）とする
・大量乗降のある大型車輛の場合には乗降口の有効幅 1,000 mm 以上とする
・乗降時のステップの高さは 270 mm 以下とする
・低床部（ノンステップ部）のすべての通路幅を 600 mm 以上とする
・低床部と高床部の間の通路に段差を設ける際は 1 段あたり 200 mm 以下とする
・低床部と高床部の間の通路にスロープを設ける際は，角度 5 度（約 9 % 勾配）以下とする
・スロープと階段の間には 300 mm 程度の水平部分を設ける
・縦握り棒に配置する押しボタンは，床面より 1,400 mm 程度の高さとする
・座席付近の壁面に配置する押しボタンは，床面より 1,200 mm の高さとする
・車いすを乗降させるためのスロープ板の幅は 800 mm 以上とする
・地上高 150 mm のバスベイより車いすを乗降させる際のスロープ角度は 7 度（約 12 % 勾配）以下とし，スロープ板の長さは 1,050 mm 以下とする
・車いすを固定する場合のスペースは 1,300（長さ）×750（幅）×1,300（高さ）mm 以上とする
・乗客の入れ替わりが頻繁な路線では，優先席は少し高め（400～430 mm）の座面とする。
・行き先に加えて，経路・系統・車いすマークなども，車輛の外から容易に確認ができるようにする。行き先表示板の寸法は，300 mm 以上 ×

1,400 mm 以上（前方），400 mm 以上 ×700 mm 以上（側面）および 200 mm 以上 ×900 mm 以上（後方）（ただし，2 m幅の小型車輌では 125 mm 以上 ×900 mm 以上（前方および後方），180 mm 以上 × 500 mm 以上（側方）とする

最大の問題は，日本のバスが伝統的にリアエンジン（車輌の後部にエンジンを置く）方式のために，どうしてもエンジン車だと後部に段差ができてしまうことである。筆者が調べたところ，現在，バス車内での事故の6割が車輌後部にある段差での転倒やつまずきであることがわかった。そこで筆者は，2つの研究を問題解決のために遂行している。1つは，この段差を解消するためとエコデザインを推進する目的で，インホイールモーター式（駆動を小分けにした小型モーターをすべてのホイールの内側に取り付け，従来と同様のパワーを出す方式）の電動低床フルフラットバスを普及させるための試作研究開発を行なった（**図 3.43**）。もう1つは，エンジン車輌での滑り抵抗値を「滑りにくくつまずきにくい」最適値にするために石英石を用いた，やはりエコデザインな床材の研究開発にメンバーとして参画した（**表 3.1**，**図 3.44**）。これらの取り組

**図 3.43　筆者が中心的に参画した電動フルフラットバス**

インホイールモーター式を採用しており，電車のように後部での段差を解消できる特長で話題になった。

**表 3.1　新しい石英石床材（アベイラス）のすべり抵抗値（CSR 値）の測定結果**

| 評価状況 | アベイラスソフト（実験用） | 他社製ビニル系床材A | 他社製ビニル系床材B | 縞鋼板 |
|---|---|---|---|---|
| 乾燥状態 | 0.901 | 0.829 | 0.865 | 0.745 |
| 水を散布 | 0.811 | 0.735 | 0.799 | 0.700 |
| 水とダスト | 0.566 | 0.544 | 0.536 | 0.649 |
| 油を散布 | 0.521 | 0.320 | 0.294 | 0.284 |
| 石鹸散布 | 0.726 | 0.341 | 0.312 | 0.428 |

公的機関（床性能研究会）の評価でも，他の製品に比べ優位な成果が出ている。

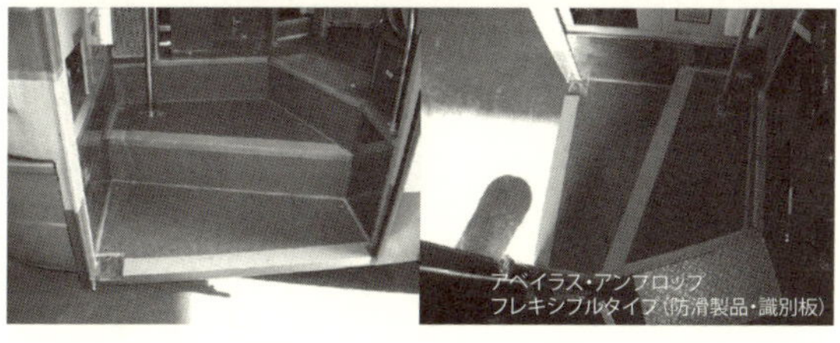


**図 3.44　筆者が研究開発プロセスに参画した高度防滑性床材である高硬度石英成形板「アベイラス・アンプロップ」のバス車輌乗降ステップ床材への応用事例（横浜市営バスの例）**

［写真提供：株式会社ドペル］

**図 3.45　路線バス前方に取り付けられている液晶ディスプレイの例**

最近では，音声放送を文字化し，同時に視覚的に流す事例も増えてきた。もちろん，英語・中国語・韓国語などを採用する事例も増えてきている。

**図 3.46　観光バス・高速バス用の車輌に車いす用リフトを取り付けた事例**

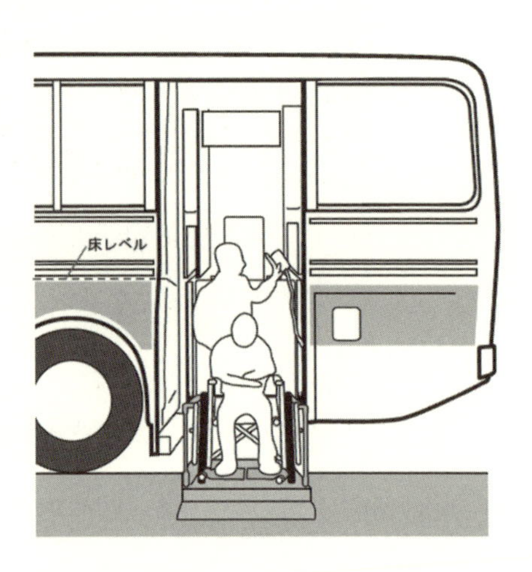


**図 3.47　バリアフリー整備ガイドライン 2013 年 6 月版（執筆当時の最新版）で紹介されている観光バス・高速バス用車輌での車いす用リフトの仕様**

［出典：国土交通省ホームページ（http://www.mlit.go.jp/common/001089597.pdf)］

みの成果も今後はポイントになるはずである。

バス車内での必要な情報は，鉄道の項で述べたサイン（口絵3参照）の利用のほか，**図 3.45** のような運転席進行斜め左上に設けられている表示板で提示される。通常，整理券方式の路線での運賃表示，次停留所案内に用いられるが，最近では車内放送を文字化して同時に流す試みも多数見られるようになった。これは聴覚障がい者にも喜ばれる。コントラストをつけて弱視の人にも見やすいものが増えた。

また，観光バス・高速バス用の車輌に，車いす用リフトを取り付けた事例を**図 3.46** に示す。**図 3.47** は，整備ガイドラインにある車いす用リフトの仕様である。

最後に，安心して長旅のできるように，バス車内にトイレを設ける事例も増えている。**図 3.48** のように示されており，開き戸の場合は外開き（車いす対応トイレの場合は引き戸），ドア開閉ノブなどの高さは 800～850 mm 程度，手すり・便器周囲の壁面への手すり設置（高さ 650～700 mm 程度），手すりの径 30 mm 程度などが，指定されている設計上の数値的ポイントである。**図 3.49** が実例である。

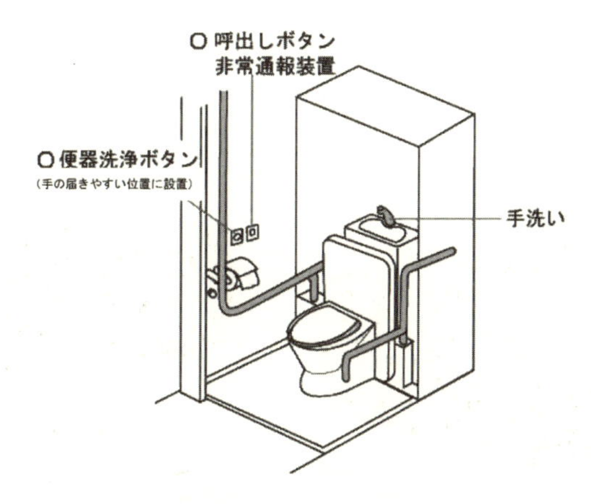


**図 3.48　バリアフリー整備ガイドライン 2013 年 6 月版（執筆当時の最新版）で紹介されている観光バス・高速バス用車輌での望ましいトイレの仕様**

［出典：国土交通省ホームページ（http://www.mlit.go.jp/common/001089597.pdf)］

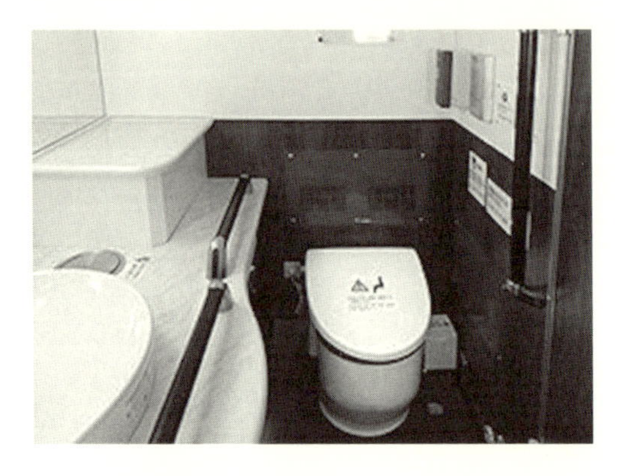

図 3.49　高速バスのトイレも最後部全体を使い広々としたものに変わっている（アルピコグループの高速バスの例）

バスターミナルについては，乗降場と通路との間に高低差がある場合は傾斜路を設置する，傾斜路の勾配は屋内では 1 /12 以下で，屋外では 1 /20 以下とする，屋内でも 1 /20 以下とすることが望ましい，とバリアフリー整備ガイドラインに記述されている。乗降場の有効幅も 180 cm 以上とするように設定されている。

### 3.2.3　タクシー環境

タクシーについては，現行のセダン型タクシーから，車いすを後部に収納可能なユニバーサルデザイン型タクシーへのパラダイムシフトが起ころうとして

図 3.50　タクシーは左のセダン型から右のようなワゴン型へ移行し，車いすでも利用できるように変化しつつある（いずれも箱根地区のタクシー）

<横から乗車の場合>

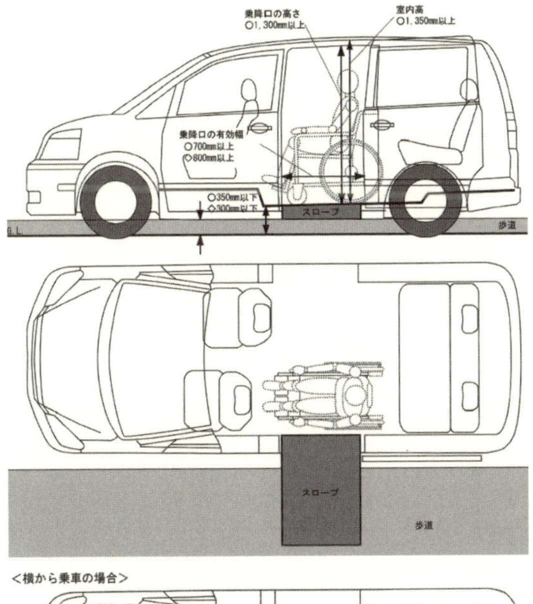


<横から乗車の場合>

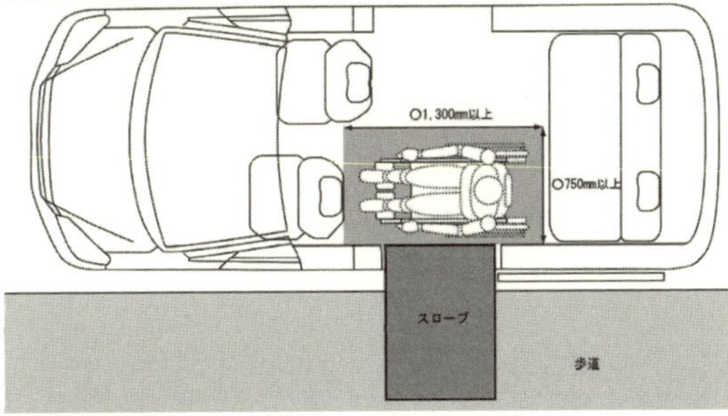


<後ろから乗車の場合>

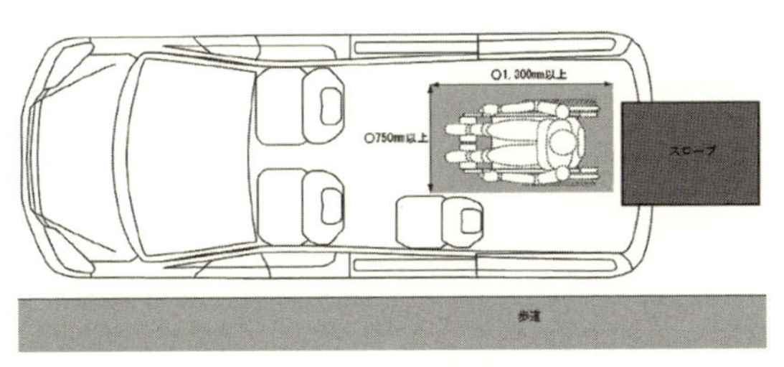


**図 3.51　バリアフリー整備ガイドライン 2013 年 6 月版（執筆当時の最新版）で紹介されているユニバーサルデザインタクシー車輌の仕様**

［出典：国土交通省ホームページ（http://www.mlit.go.jp/common/001089597.pdf）］

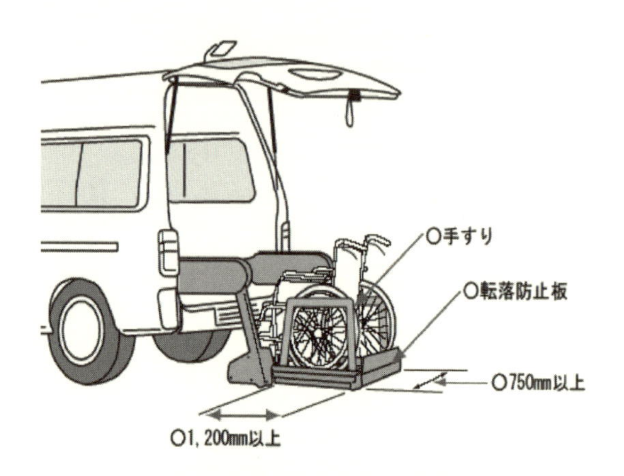


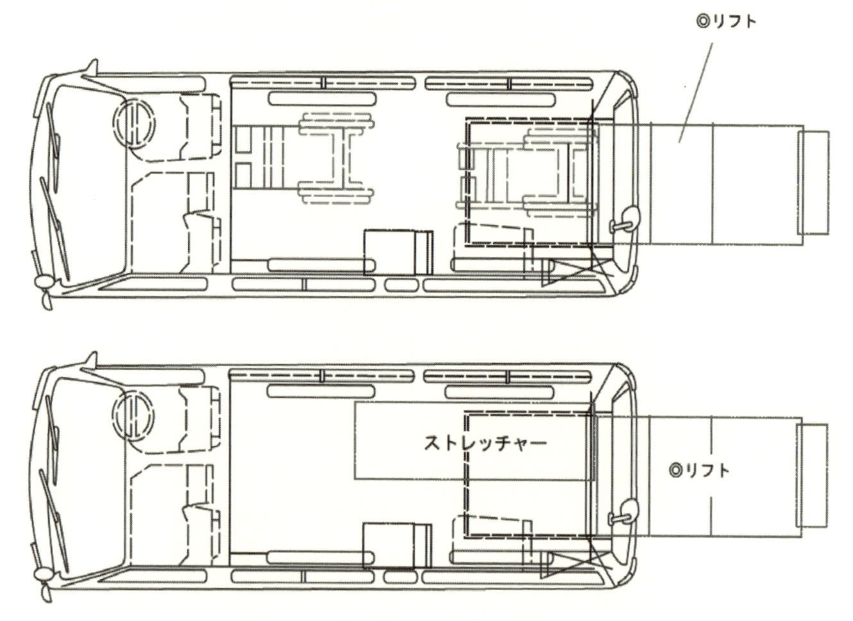


図3.52　バリアフリー整備ガイドライン2013年6月版（執筆当時の最新版）で紹介されているバンタイプのタクシー車輌の仕様
［出典：国土交通省ホームページ（http://www.mlit.go.jp/common/001089597.pdf）］

<4点式車椅子固定ベルト、3点式シートベルトの例>

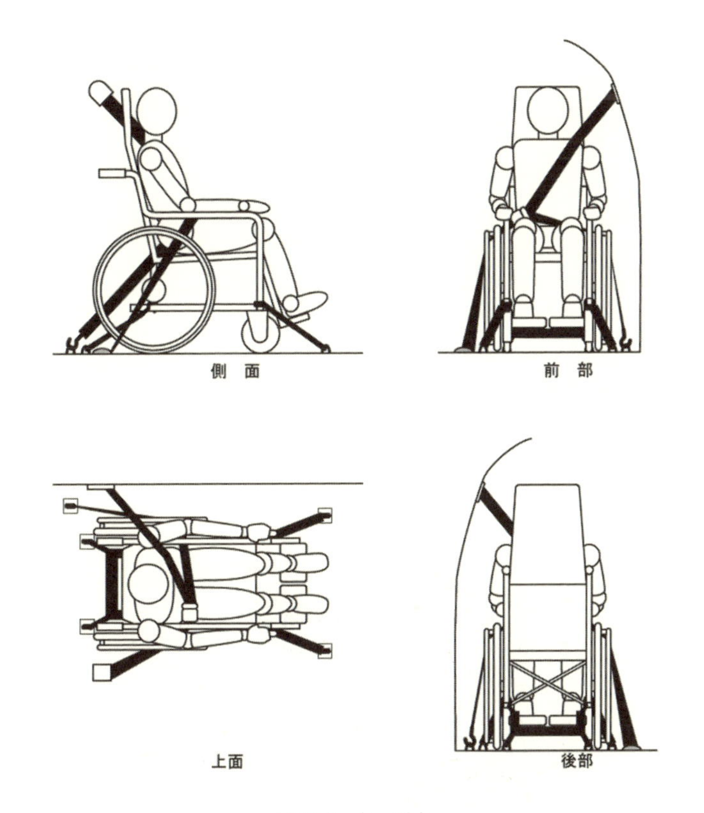


図 3.52　（つづき）

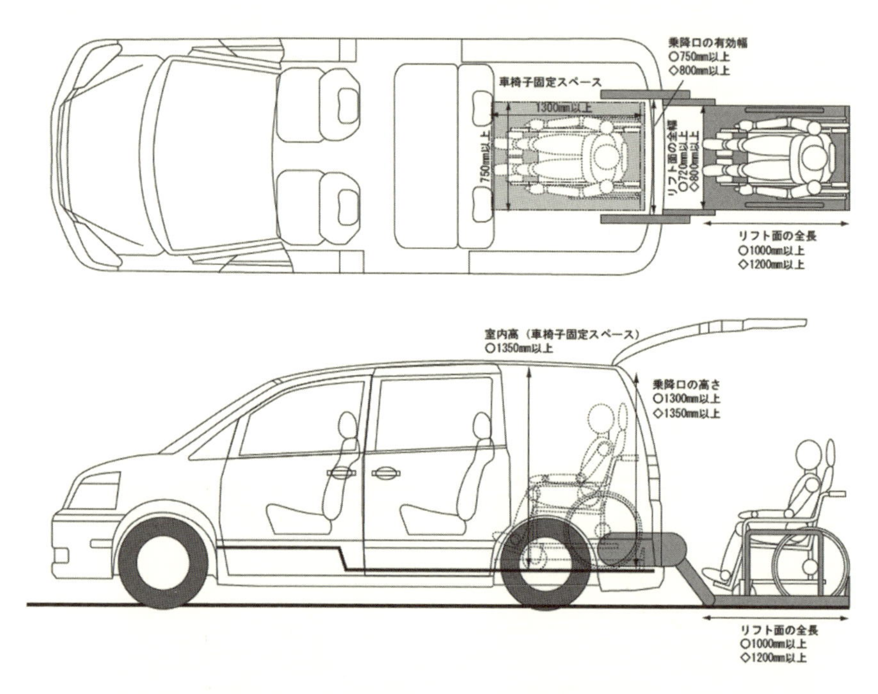


**図 3.53　バリアフリー整備ガイドライン 2013 年 6 月版（執筆当時の最新版）で紹介されている車いす対応ミニバンによるタクシー車輌の仕様**
［出典：国土交通省ホームページ（http://www.mlit.go.jp/common/001089597.pdf）］

**図 3.54　小田原地区で運用されている報徳ハイヤーのバン型タクシーの例**

図 3.55　福祉タクシーの例（伊豆箱根）

いる（図 3.50）。横からおよび後ろからの乗車時に，スロープ板の勾配を 10 度（約 1/6）以下になるよう設定すると，おおむね乗りやすくなる。具体的に図 3.51 がユニバーサルデザインタクシーの基本的な考え方である。

他にも，障がいの重さによっては，トヨタのハイエースのようなバンを利用した大型のタクシーを利用せざるをえない場合もある。図 3.52 のような内容がバリアフリー整備ガイドラインに記載されている。障がいの比較的重い方が利用するため，具体的な寸法的指定はあまりなく，むしろ車いすの固定方法や余裕をもった仕様が重視されている。

リフトについては，使用できるリフト面（プラットフォーム）の広さが全長 1,200 mm 以上，全幅 750 mm 以上とし，ストレッチャー（寝台）の寝台面の全長 1,900 mm 程度がバリアフリー整備ガイドラインで推奨されている（図 3.53）。リフトの耐荷重は，電動車いす本体（80～100 kg 程度）および車いす使用者本人の体重，介助者の重量を勘案し，300 kg 以上と推奨されており，導入時のポイントとなる。図 3.54 がその実例である。

他にも，ミニバンで車いす利用者を運送するタクシーも増えている（図 3.55）。この場合は，スロープ板の耐荷重が電動車いす本体（80～100 kg 程度）と車いす使用者，本人と介助者の体重を勘案し，300 kg 以上が推奨される。スロープ板の勾配は，横から乗車，後部乗車方式とも，電動車いすでの登坂性能や介助者による手動車いす介助を考慮して 10 度（約 1 /6）以下が標準的な整備内容として紹介されている。スロープ板の幅は 800 mm 以上が望ましいが，720 mm 以上とするレベルが標準とされている。リフトの場合も耐荷重はスロープと同じ 300 kg 以上が標準的とされ, 使用できるリフト面（プラットフォーム）の広さは全長 1,000 mm 以上，全幅 720 mm 以上とするのが標準的な整備内容として記載されている（全長 1,200 mm，全幅 800 mm 水準が望ましいものと紹介されている）。

### 3.2.4　航空環境

2000 年制定の交通バリアフリー法では，客席数 30 以上の航空機での可動式ひじ掛けや運航情報提供設備の整備，および客席数 60 以上の航空機での機内用車いすの設置，通路が 2 以上の航空機での車いす対応トイレの設置などの措置が義務付けられた（**図 3.56**，**図 3.57**）。2010 年度末には，バリアフリー法の基本方針に基づいた整備目標 65 % に対して実績値 70 % まで整備され，整備が着々と進んでいる。2010 年度末に改定された移動等円滑化の促進に関する基本方針では，東京オリンピック開催の 2020 年度末までに，全航空機の 90 % を移動等円滑化するように目標を定めている。ただ，鉄道やバス，タクシーほどの詳細な設計基準は存在しない。

空港については，おおむね**図 3.58** の移動過程で，車いす利用者のための 90 cm 幅の通路確保，勾配を 1 /12 以下とすることが望ましい水準として，バリアフリーガイドラインに紹介されているが，詳細に数値が設けられている箇所は少ない。

**図 3.56　飛行機内のトイレも広々としたものに変わっている**

**図 3.57　飛行機内の車いす**

<航空旅客搭乗橋>

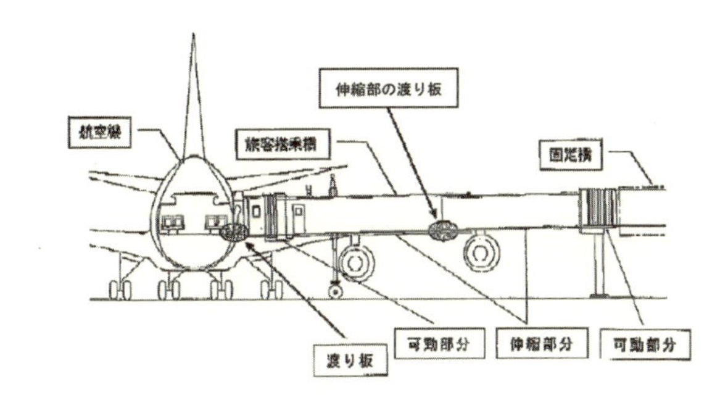


**図 3.58　空港での移動環境**

［出典：国土交通省ホームページ（http://www.mlit.go.jp/common/001089597.pdf）］

### 3.2.5　船舶環境

船舶環境については，バリアフリー整備ガイドラインから独立して，「旅客船バリアフリーガイドライン」が国土交通省により制定されている。船は個々のタイプが大きく異なるので，共通の理論を詳細に本書に書くことは割愛したい（多くの船体および港に共通する重要な抽象的ポイントのみを**図 3.59～3.73** に紹介した。詳細は旅客船バリアフリーガイドラインを参照していただきたい）。基本的な考え方として，大きい客船については公共建築物に準じる公共的空間であるため，前述の公共交通ターミナル共通の事項をおおむね利用できる。情報提供面は鉄道やバスと同様の対応が多くなる。

**図 3.59** は乗降時の注意事項である。スロープの厚みが 2 cm に設定されているが，これは車いす駆動輪が浮くことなく乗降できるために設定された値である。要は，大きな力で車いすを持ち上げることが不要となる厚みである。スロープ板が長く，傾斜角が急（おおむね 10 度を超える）場合には，車いすの脱輪を防止するよう左右に立ち上がりを設けることが推奨されている。鉄道環境やバス環境などと同じく，乗降用のスロープは幅を 90 cm 以上として，車いす使用者が利用しやすいようにする。手すりは両側に設置して，高さ 80～85 cm 程度として車いすでもつかまりやすくし，可能なかぎり連続して設置をすることが推奨されている。

ボーディングブリッジ（船のターミナルから船体までの橋状の通路）につい

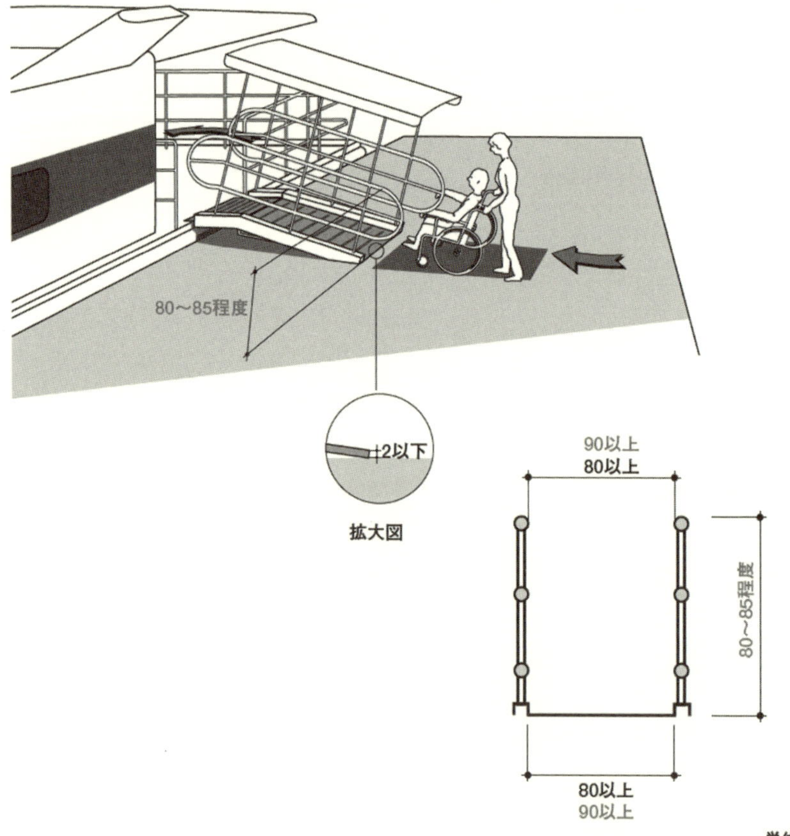


**図 3.59　旅客船バリアフリーガイドライン（国土交通省, 2007 年版）による船の「乗降用設備（スロープ含む）」の設計基準**

［（公財）交通エコロジー・モビリティ財団（http://www.ecomo.or.jp/barrierfree/guideline/data/guideline_fune_2 _pdf.pdf）より許諾を得て転載］

ては，**図 3.60** のとおりに推奨されているが，傾斜を 1 /12 以下とすることが要点である。舷門－甲板室は**図 3.61** のとおりであるが，おおむね寸法は駅などと変わりない。重要なことは，船ゆえに水での床濡れの問題も起こりやすいことで，前述したような滑りにくくつまずきにくい床材を積極的に用いていることがたいへん重要である。甲板室の出入口から客席までの間は，**図 3.62** のような寸法が推奨されている。

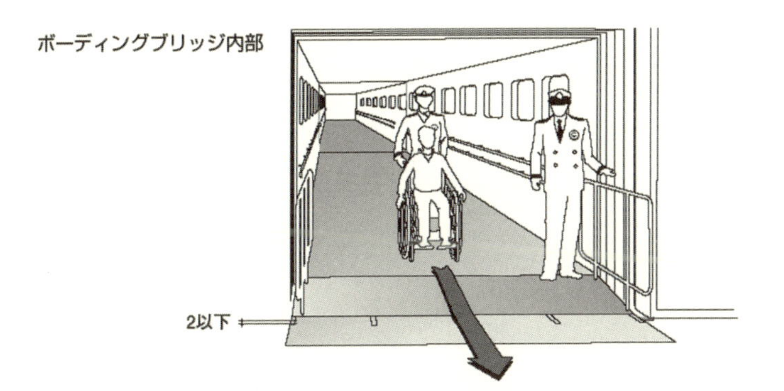


図 3.60　旅客船バリアフリーガイドライン（国土交通省, 2007 年版）による船の「ボーディングブリッジ」の設計基準

［（公財）交通エコロジー・モビリティ財団（http://www.ecomo.or.jp/barrierfree/guideline/data/guideline_fune_2 _pdf.pdf）より許諾を得て転載］

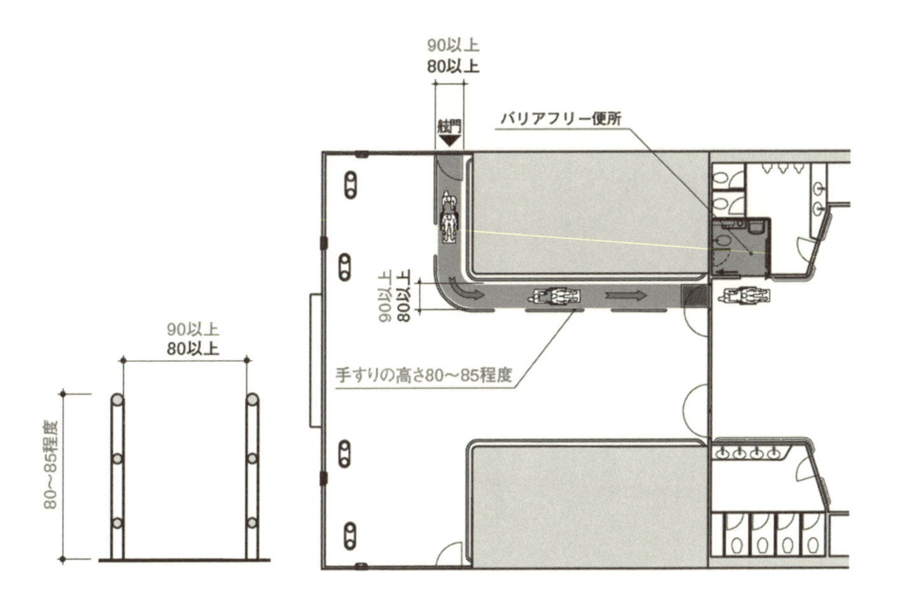


図 3.61　旅客船バリアフリーガイドライン（国土交通省, 2007 年版）による船の「出入口（舷門）ー甲板室までの通路」の設計基準

［（公財）交通エコロジー・モビリティ財団（http://www.ecomo.or.jp/barrierfree/guideline/data/guideline_fune_2 _pdf.pdf）より許諾を得て転載］

カーフェリーについても，一般乗船口は前述の図 3.60 と同様の対応になるが，車での乗船の場合は**図 3.63** のような寸法がガイドラインで推奨されている。エレベーターを降りて甲板室に入るときのドアも 80～90 cm あると，車いす利用者が安全である。エレベーターも駅のバリアフリー式のものと同寸法が基本である。

トイレについては，男女別の便房内に設置されているバリアフリー式のもの

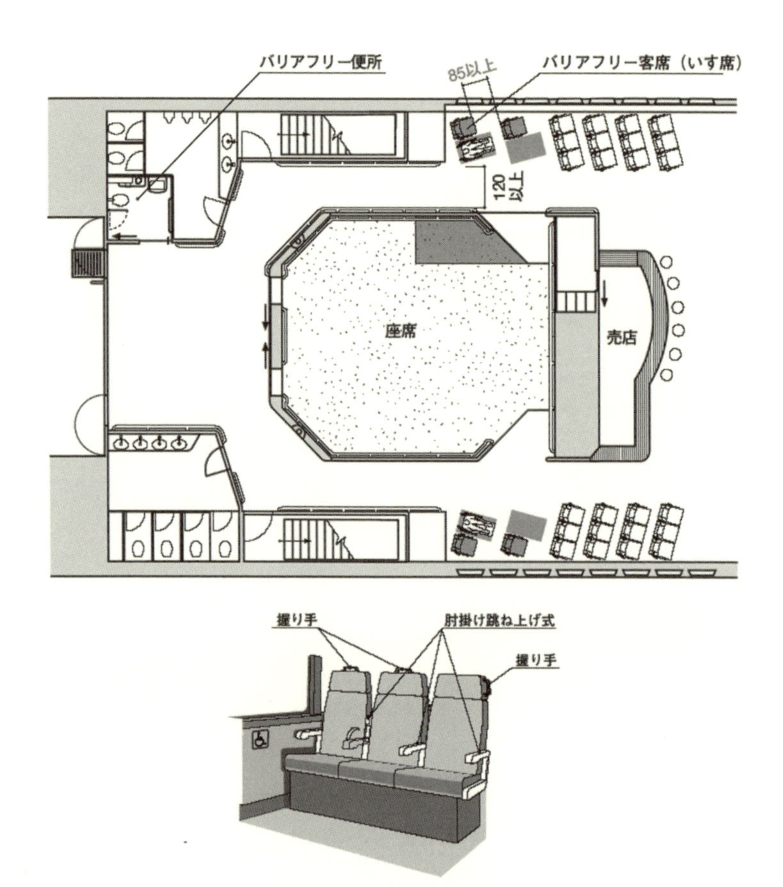


**図 3.62　旅客船バリアフリーガイドライン（国土交通省，2007 年版）による船の「甲板室出入口－客席までの通路」の設計基準**
［（公財）交通エコロジー・モビリティ財団（http://www.ecomo.or.jp/barrierfree/guideline/data/guideline_fune_2 _pdf.pdf）より許諾を得て転載］

が図 3.64，独立式のものが図 3.65 である（便器周りを図 3.66 に示す）。極力，前述の駅などの公共交通ターミナル共通のものと同様につくることが，あらゆる人の利用に資する仕様となる。手洗い洗面器も，車いす利用者や子どもの利用を考えて，床面地上高 75 cm にする。

船内のレストランなどのテーブルは，図 3.67 のように，車いすの人でも他の人と一緒に食事や歓談を楽しめるような寸法になっている。この寸法は，あらゆるレストランなどで有用な寸法なので，読者には設計ポイントとして記憶

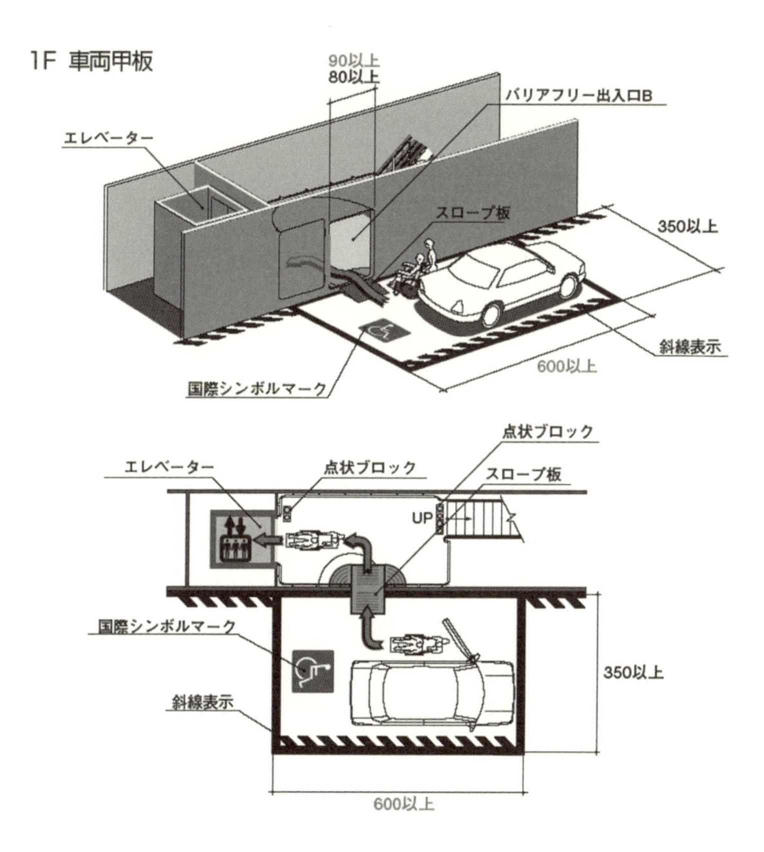


図 3.63 旅客船バリアフリーガイドライン（国土交通省，2007 年版）によるカーフェリーの「駐車場からのアクセス」の設計基準

［（公財）交通エコロジー・モビリティ財団（http://www.ecomo.or.jp/barrierfree/guideline/data/guideline_fune_2 _pdf.pdf）より許諾を得て転載］

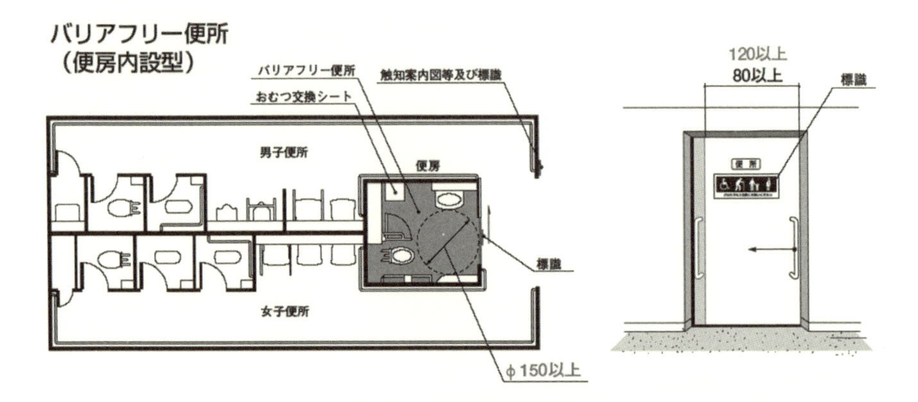


**図 3.64　旅客船バリアフリーガイドライン（国土交通省，2007 年版）による船の「バリアフリートイレ（便房内設型）」の設計基準**

［(公財）交通エコロジー・モビリティ財団（http://www.ecomo.or.jp/barrierfree/guideline/data/guideline_fune_2 _pdf.pdf）より許諾を得て転載］

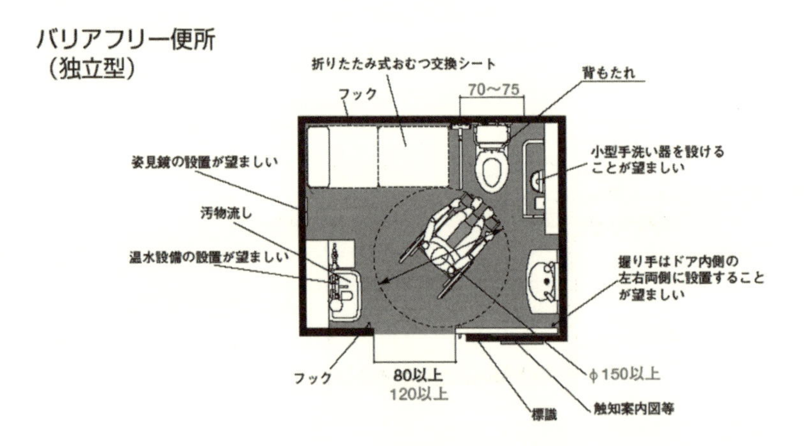


**図 3.65　旅客船バリアフリーガイドライン（国土交通省，2007 年版）による船の「バリアフリートイレ（独立型）」の設計基準**

［(公財）交通エコロジー・モビリティ財団（http://www.ecomo.or.jp/barrierfree/guideline/data/guideline_fune_2 _pdf.pdf）より許諾を得て転載］

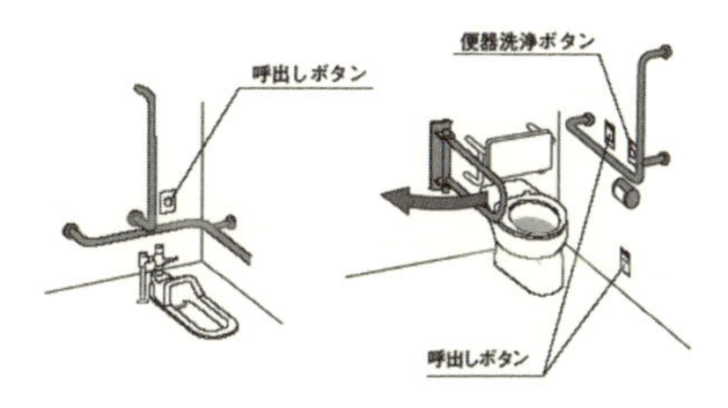


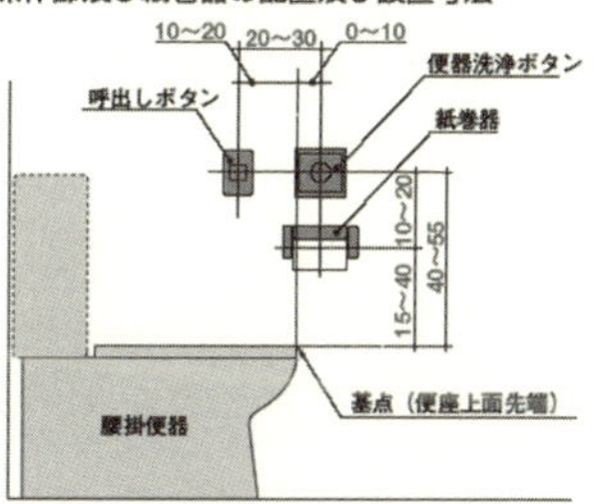


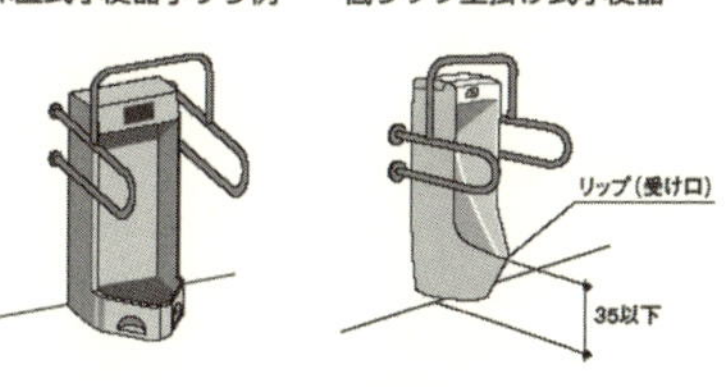


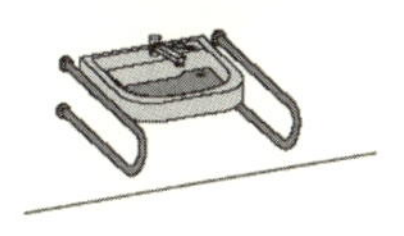


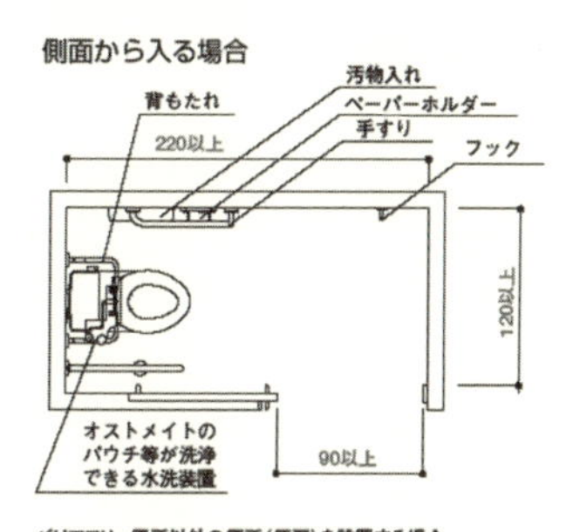


**図 3.66 旅客船バリアフリーガイドライン（国土交通省，2007 年版）による船の「バリアフリートイレ（便器周り）」の設計基準**

［（公財）交通エコロジー・モビリティ財団（http://www.ecomo.or.jp/barrierfree/guideline/data/guideline_fune_2 _pdf.pdf）より許諾を得て転載］

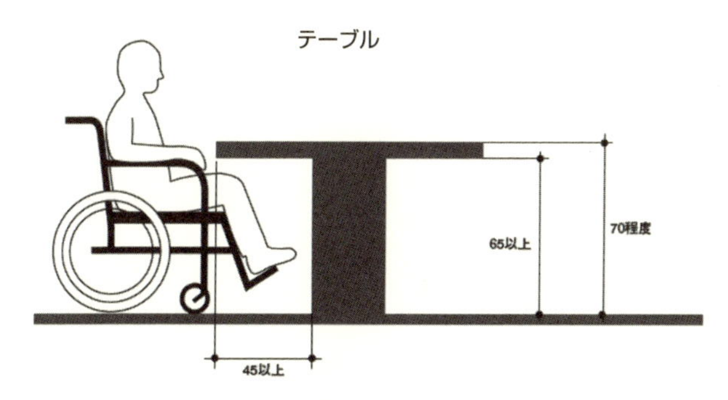


**図 3.67 旅客船バリアフリーガイドライン（国土交通省，2007 年版）による船の「テーブル」の設計基準**

［（公財）交通エコロジー・モビリティ財団（http://www.ecomo.or.jp/barrierfree/guideline/data/guideline_fune_2 _pdf.pdf）より許諾を得て転載］

いただきたい。甲板に出て歓談するときなどは，客室との出入口周辺を図 3.60 と同様に整備する。有人カウンターについても，駅と同様に図 3.34 と同様に整備する形が理想である。扉の寸法についても駅の対応と同じになり，共通化の進化がよくわかる（**図 3.68**）。

さらに，船内の手すりやエレベーターなどの寸法も，鉄道駅などと同様になっている。車いす固定スペースの設計基準を**図 3.69** に示す。

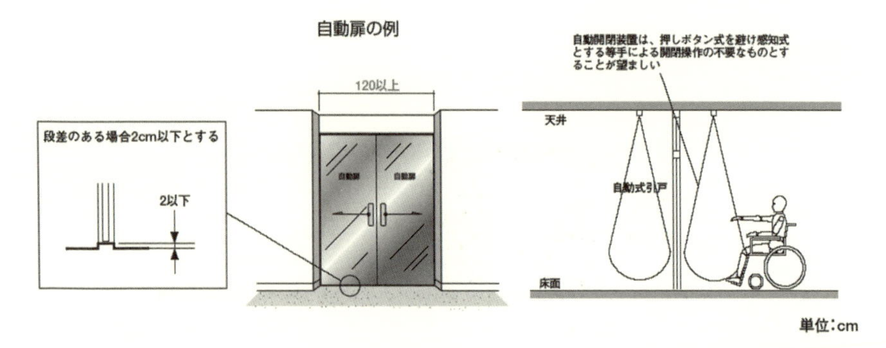


**図 3.68　旅客船バリアフリーガイドライン（国土交通省，2007 年版）による船の「扉関連」の設計基準**

［（公財）交通エコロジー・モビリティ財団（http://www.ecomo.or.jp/barrierfree/guideline/data/guideline_fune_2 _pdf.pdf）より許諾を得て転載］

長旅に使う大型客船では，客室，とりわけ寝台やバスルームのつくりも十分に検討する必要がある。あらゆる人にとって身体的負担がなく，疲れない設計がテーマになる。おおむね**図 3.70** のとおりの寸法が推奨されているが，これは通常のホテルや旅館でも有用な設計寸法になるので，読者は記憶に留めておくとよい。

情報面での対応も，サインを含め前述の鉄道などと基本的には同じであるが，船の中は初めて利用する人も多く，高齢者や障がい者の中には自分のいる位置の把握が困難な人も見られる。**図 3.71** のような推奨がなされており，考慮したい。

その他，**図 3.72** のような AED や，**図 3.73** のような公衆電話やファクシミ

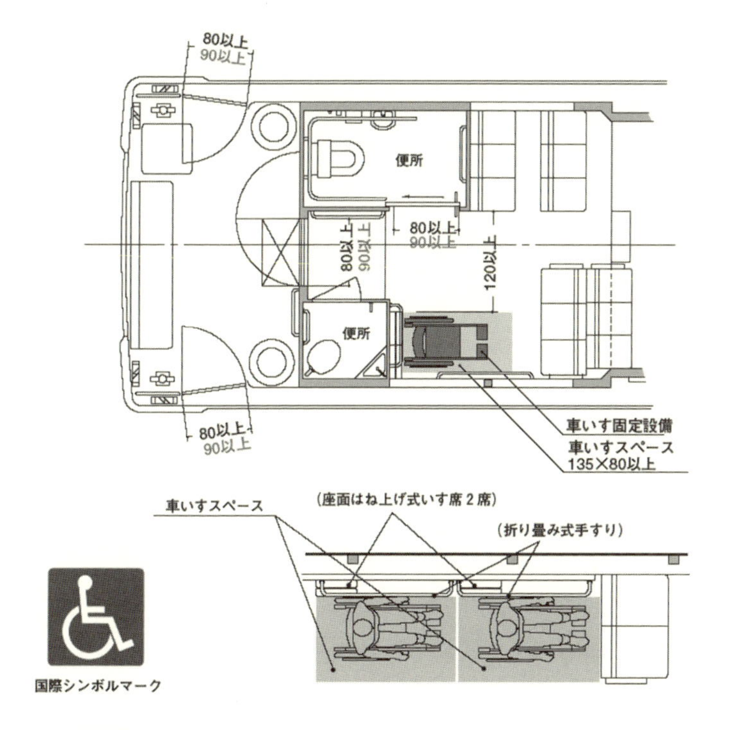


**図 3.69　旅客船バリアフリーガイドライン（国土交通省，2007 年版）による船の「車いす固定スペース」の設計基準**

［（公財）交通エコロジー・モビリティ財団（http://www.ecomo.or.jp/barrierfree/guideline/data/guideline_fune_2 _pdf.pdf）より許諾を得て転載］

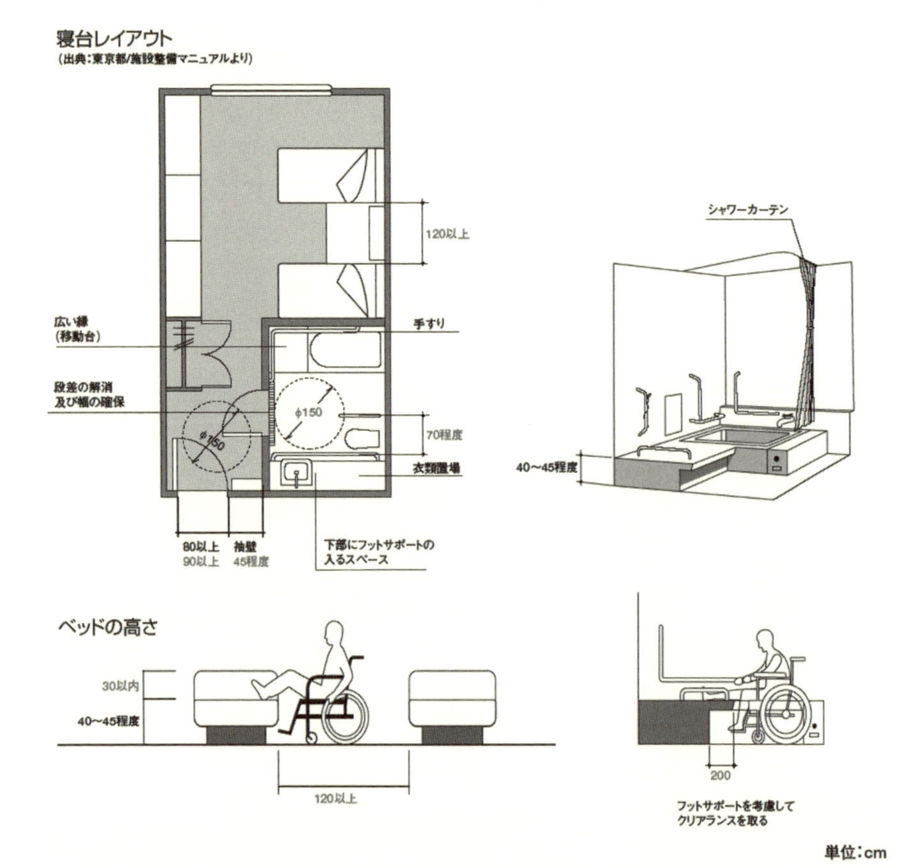


図 3.70　旅客船バリアフリーガイドライン（国土交通省，2007 年版）による船の「客室・寝台・バスルーム」の設計基準

［（公財）交通エコロジー・モビリティ財団（http://www.ecomo.or.jp/barrierfree/guideline/data/guideline_fune_2 _pdf.pdf）より許諾を得て転載］

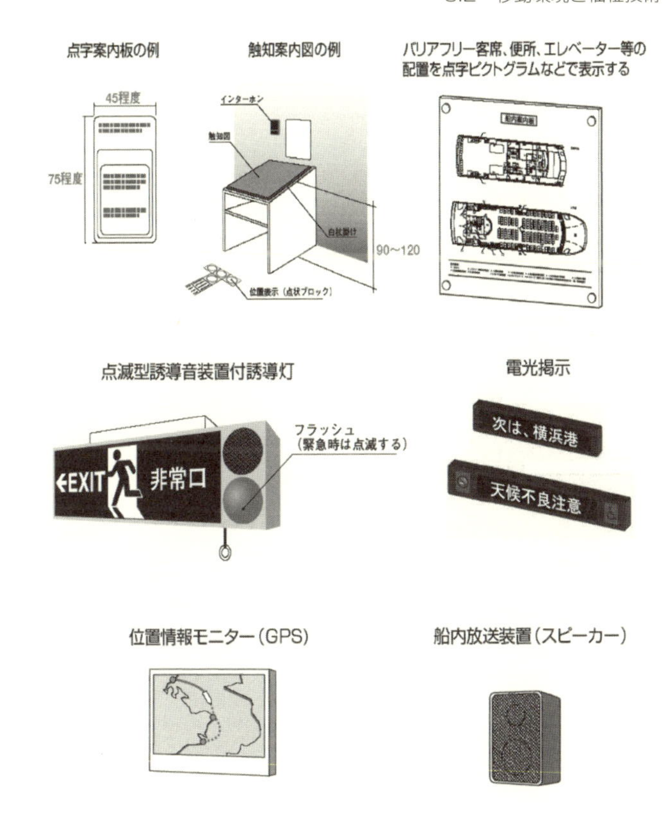


**図 3.71　旅客船バリアフリーガイドライン（国土交通省，2007 年版）による船の「情報案内」の設計基準**

［（公財）交通エコロジー・モビリティ財団（http://www.ecomo.or.jp/barrierfree/guideline/data/guideline_fune_2 _pdf.pdf）より許諾を得て転載］

**図 3.72　最近は船の中にも AED（自動体外式除細動器）が設置されている**

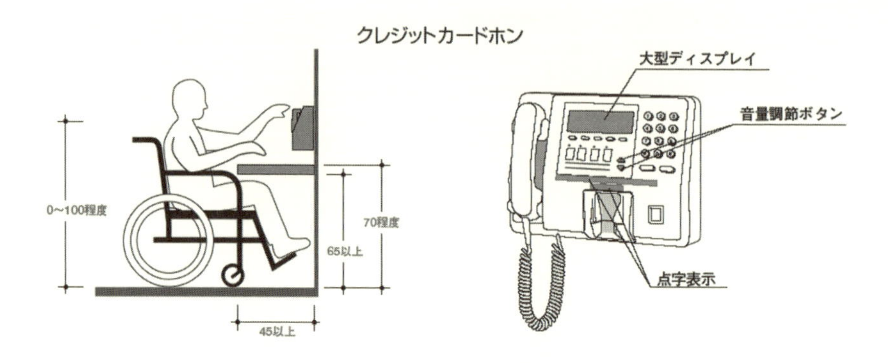


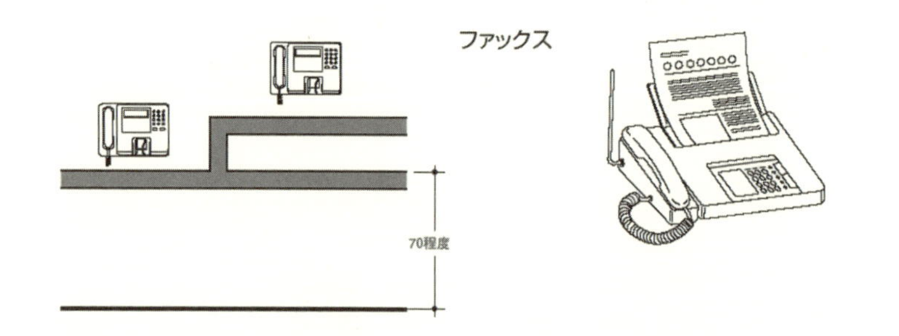


**図 3.73　旅客船バリアフリーガイドライン（国土交通省，2007 年版）による船の「情報機器」の設計基準**

［（公財）交通エコロジー・モビリティ財団（http://www.ecomo.or.jp/barrierfree/guideline/data/guideline_fune_2 _pdf.pdf）より許諾を得て転載］

りも，緊急時の情報対応として必要である。特に聴覚障がいのある方にはファクシミリが有用な情報交換の手段になることがあるので，設置の検討も重要である。

これで，鉄道・バス・タクシー・航空・船舶という５大交通環境に導入すべき福祉技術を概観したことになる。ここまで解説してこなかったが，５つの環境に共通する動向として，筆談機の設置も進んでいる（**図 3.74**）。これは，聴

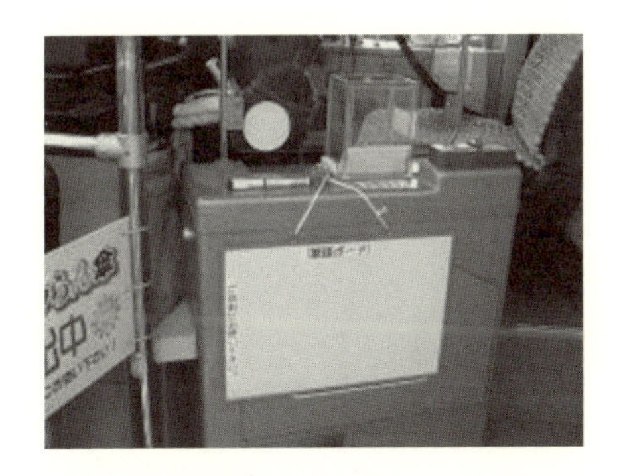

**図 3.74　筆談用のコミュニケーションボード**

最近はバスの運転席にこうしたボードを置くバスも多い。こうした流れは鉄道・タクシー・航空・船舶でも普通になっている。

覚障がいや発話に問題を抱える人には朗報である。こうしたサービスを逐次付加していくことも必要である。筆談機は外国人が利用してもよく，サービスの提供者とユーザを有効につなぐ。

本書がテーマにしている「高齢者・障がい者・外国人・子どもとその親」の都市生活上のいちばんの問題は「移動環境」である。ゆえに，ここまで解説してきた設計基準は，国土交通省で十分な検討を経てきたものであり，その他の都市生活空間でも有用なものが多い。移動環境については福祉技術の詳細がもっともよく検討されている。以後の環境については，移動環境との差分を述べることを軸にする。逆に，有人窓口や自動券売機，レストランのテーブルのように移動環境と共通の対応で問題のないところは極力記述を避け，環境固有のポイントを述べていく。

## 3.3　観光環境と福祉技術

観光環境で問題になることは，城や寺院，神社などのユニバーサルデザイン化である。建築物のオリジナルの歴史的価値を失ってまでユニバーサルデザインを推奨するのか，いつも歴史維持派と実機能重視派（福祉の重視派）で意見が分かれる。**図 3.75** や**図 3.76** のように，改善されるまでは十分な都市生活者間の議論と合意形成が重要になる。そうしないと，後々まで禍根を残すケース

**図 3.75　お城にエレベーターを設置した事例（大阪城）**
観光に来た人がエレベーターを見て，興醒めだと苦情を言う場合もある。

**図 3.76　寺にスロープをつけた例（長野・善光寺）**

が多い。

筆者は，こうした城や寺院などの歴史的価値を損うことなくユニバーサルデザインの状態がつくれないか，研究を遂行してきた。あわせて，自然の美しさを壊さずにユニバーサルデザインの状態がつくれないか，関心をもって調査研究を進めてきた。このプロセスで，セグウェイを開発した Dean L. Kamen に

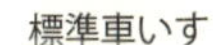

**図 3.77　パーソナルモビリティ側の高質化で観光を支援する方法もある**
インフラストラクチャー側の改造を極力抑えることも可能である（画像は iBOT）。

よる iBOT に出合い，アメリカを前提にしたサイズを日本国内の環境や生活者ニーズに合う形で日本版 iBOT を研究開発するプロジェクトに中心的に参画していた。2004～2005 年ごろの話であるが，これは，一般的な電動車いすの機能の他に，海岸などの荒地の走行，段差の克服，さらには階段の昇降の各機能を持つことで世界から注目された（**図 3.77**）。

インフラストラクチャー側をユニバーサルデザインにすることが従来は当たり前とされてきたが，特に観光環境では，コストや時間，人的資源管理の他にも，オリジナルの美しさに手を入れての改善までを行なうのかが，まちづくりでの激しい議論になってきた。こうした状況から，福祉技術，特に車いすのようなパーソナルな機器を高機能化して生活の質を上げる逆転の発想も必要である。iBOT はアメリカで 2 万 5000 ドルで発売されたが，2009 年にコスト上の都合で製造中止となり，2013 年末にはいったんサポートも終了した。しかし，折しも 2016 年 5 月に，iBOT を復活させるプロジェクトを Dean L. Kamen が設立した DEKA およびトヨタ自動車が合同で立ち上げることになった。

これは，インフラストラクチャー側のユニバーサルデザイン化が思うように進まず，環境改善を強く主張する車いす利用者には朗報であり，そのニーズが少なからずある点が証明された出来事である。こうした逆転の発想による観光支援の発想が，今後は日本国内にも出てくる可能性があることを記憶にとどめたい。

他にも筆者は，**図 3.78** のような屋外と屋内を走れる一人乗り用の自動運転車，**図 3.79** のような屋内用の一人乗り用の自動運転車の研究開発プロジェク

**図 3.78　筆者が中心的にかかわった屋外と屋内を直通できる自動運転車（一人乗り）**

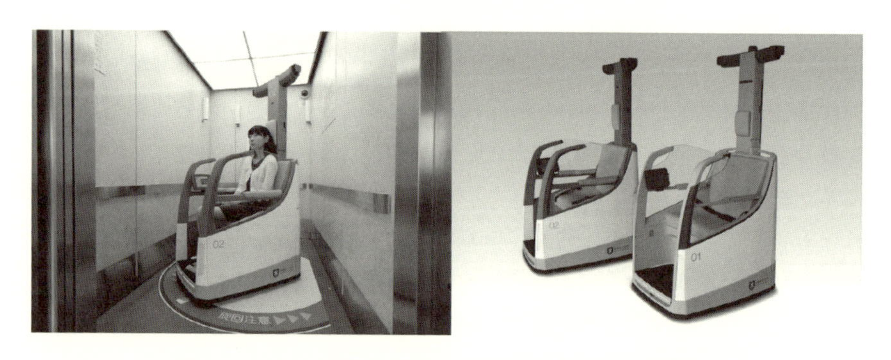

**図 3.79　筆者が中心的にかかわった屋内用自動運転車（一人乗り）**

歩くのが辛い高齢者や障がい者の観光を支援できる。公共交通ターミナルの中のほか，博物館・美術館・ホテル・ショッピングパークなどでの広い利用を視野に入れる。座席横のタブレットで観光案内も流すことができ，応用範囲も広い。将来的には乗り合い方式も考えられる。

トの中心的な役割を担ってきた。目下，電動車輌技術とそれと相性のよい自動運転の技術を融合させて，パーソナルな移動を支援する動きも研究の世界に出つつある。近い将来，こうした自動運転車輌に乗ったままの観光・見学も一般的になるものと想定される。こうした社会的な動きがあることも押さえておきたい。

一方，通常のインフラ側，たとえばホテル，博物館，美術館などの建築物については，おおむね国土交通省が出している建築物移動等円滑化誘導基準チェックリスト（**表 3.2**）を見て対応するとよい。出ている寸法は，ほぼ公共

**表 3.2　建築物移動等円滑化誘導基準チェックリスト**（国土交通省）

■一般基準

出入口（第 2 条）

①出入口（便所・浴室などの出入口，基準適合出入口に併設された出入口を除く）

　(1) 幅は 90 cm 以上であるか

　(2) 戸は車いす使用者が通過しやすく，前後に水平部分を設けているか

②一以上の建物出入口

　(1) 幅は 120 cm 以上であるか

　(2) 戸は自動に開閉し，前後に水平部分を設けているか

廊下等（第 3 条）

①幅は 180 cm 以上（区間 50 m 以内ごとに車いすが転回可能な場所がある場合，140 cm 以上）であるか

②表面は滑りにくい仕上げであるか

③点状ブロックなどの敷設（階段または傾斜路の上端に近接する部分）[*1]

④戸は車いす使用者が通過しやすく，前後に水平部分を設けているか

⑤側面に外開きの戸がある場合はアルコーブとしているか

⑥突出物を設ける場合は視覚障害者の通行の安全上支障とならないよう措置されているか

⑦休憩設備を適切に設けているか

⑧上記①，④は車いす使用者の利用上支障がない部分[*2]については適用除外

階段（第 4 条）

①幅は 140 cm 以上であるか（手すりの幅は 10 cm 以内まで不算入）

②けあげは 16 cm 以下であるか

③踏面は 30 cm 以上であるか

④両側に手すりを設けているか（踊場を除く）

⑤表面は滑りにくい仕上げであるか

⑥段は識別しやすいものか

⑦段はつまずきにくいものか

⑧点状ブロックなどの敷設（段部分の上端に近接する踊場の部分）[*3]

⑨おもな階段を回り階段としていないか

傾斜路またはエレベーターその他の昇降機の設置（第 5 条）

①階段以外に傾斜路・エレベーターその他の昇降機（2 以上の階にわたるときは第 7 条のエレベーターに限る）を設けているか

②上記①は車いす使用者の利用上支障がない場合[*4]は適用除外

傾斜路（第 6 条）

①幅は 150 cm 以上（階段に併設する場合は 120 cm 以上）であるか

②勾配は 1 /12 以下であるか

③高さ 75 cm 以内ごとに踏幅 150 cm 以上の踊場を設けているか

④両側に手すりを設けているか（高さ 16 cm 以下の傾斜部分は免除）

⑤表面は滑りにくい仕上げであるか

⑥前後の廊下などと識別しやすいものか

⑦点状ブロックなどの敷設（傾斜部分の上端に近接する踊場の部分）[*5]

⑧上記①から③は車いす使用者の利用上支障がない部分[*6]については適用除外

エレベーター（第７条）

①必要階（多数の者が利用する居室または車いす使用者用便房・駐車施設・客室・浴室などのある階，地上階）に停止するエレベーターが１以上あるか

②多数の者，主として高齢者，障害者などが利用するすべてのエレベーター・乗降ロビー

（1）かごおよび昇降路の出入口の幅は 80 cm 以上であるか

（2）かごの奥行きは 135 cm 以上であるか

（3）乗降ロビーは水平で，150 cm 角以上であるか

（4）かご内に停止予定階・現在位置を表示する装置を設けているか

（5）乗降ロビーに到着するかごの昇降方向を表示する装置を設けているか

③多数の者，主として高齢者，障害者などが利用する１以上のエレベーター・乗降ロビー

（1）②のすべてを満たしているか

（2）かごの幅は 140 cm 以上であるか

（3）かごは車いすが転回できる形状か

（4）かご内および乗降ロビーに車いす使用者が利用しやすい制御装置を設けているか

④不特定多数の者が利用するすべてのエレベーター・乗降ロビー

（1）かごおよび昇降路の出入口の幅は 80 cm 以上であるか

（2）かごの奥行きは 135 cm 以上であるか

（3）乗降ロビーは水平で，150 cm 角以上であるか

（4）かご内に停止予定階・現在位置を表示する装置を設けているか

（5）乗降ロビーに到着するかごの昇降方向を表示する装置を設けているか

（6）かごの幅は 140 cm 以上であるか

（7）かごは車いすが転回できる形状か

⑤不特定多数の者が利用する１以上のエレベーター・乗降ロビー

（1）④（2），（4），（5），（7）を満たしているか

（2）かごの幅は 160 cm 以上であるか

（3）かごおよび昇降路の出入口の幅は 90 cm 以上であるか

（4）乗降ロビーは水平で，180 cm 角以上であるか

（5）かご内および乗降ロビーに車いす使用者が利用しやすい制御装置を設けているか

⑥不特定多数の者または主として視覚障害者が利用する１以上のエレベーター・乗降ロビー[*7]

（1）③のすべてまたは⑤のすべてを満たしているか

（2）かご内に到着階・戸の閉鎖を知らせる音声装置を設けているか

（3）かご内および乗降ロビーに点字その他の方法（文字などの浮き彫りまたは音による案内）により視覚障害者が利用しやすい制御装置を設けているか

（4）かご内または乗降ロビーに到着するかごの昇降方向を知らせる音声装置を設けているか

特殊な構造または使用形態のエレベーターその他の昇降機（第８条）

①エレベーターの場合

（1）段差解消機（平成 12 年建設省告示第 1413 号第１第七号のもの）であるか

（2）かごの幅は 70 cm 以上であるか

（3）かごの奥行きは 120 cm 以上であるか

（4）かごの床面積は十分であるか（車いす使用者がかご内で方向を変更する必要がある場合）

②エスカレーターの場合

（1）車いす使用者用エスカレーター（平成 12 年建設省告示第 1417 号第１ただし書のもの）であるか

便所（第9条）
①車いす使用者用便房を設けているか（各階原則2％以上）
（1）腰掛便座，手すりなどが適切に配置されているか
（2）車いすで利用しやすいよう十分な空間が確保されているか
（3）車いす用便房および出入り口は幅80 cm以上であるか
（4）戸は車いす使用者が通過しやすく，前後に水平部分を設けているか
②水洗器具（オストメイト対応）を設けた便房を設けているか（各階1以上）
③車いす使用者用便房がない便所には腰掛便座，手すりが設けられた便房があるか（当該便所の近くに車いす使用者用便房のある便所を設ける場合を除く）
④床置式の小便器，壁掛式小便器（受け口の高さが35 cm以下のものに限る）その他これらに類する小便器を設けているか（各階1以上）

ホテルまたは旅館の客室（第10条）
①車いす使用者用客室を設けているか（原則2％以上）
（1）幅は80 cm以上であるか
（2）戸は車いす使用者が通過しやすく，前後に水平部分を設けているか
②便所（同じ階に共用便所があれば免除）
（1）便所内に車いす使用者用便房を設けているか
（2）出入口の幅は80 cm以上であるか（当該便房を設ける便所も同様）
（3）出入口の戸は車いす使用者が通過しやすく，前後に水平部分を設けているか（当該便房を設ける便所も同様）
③浴室など（共用の浴室などがあれば免除）
（1）浴槽，シャワー，手すりなどが適切に配置されているか
（2）車いすで利用しやすいよう十分な空間が確保されているか
（3）出入口の幅は80 cm以上であるか
（4）出入口の戸は車いす使用者が通過しやすく，前後に水平部分を設けているか

敷地内の通路（第11条）
①幅は180 cm以上であるか
②表面は滑りにくい仕上げであるか
③戸は車いす使用者が通過しやすく，前後に水平部分を設けているか
④段がある部分
（1）幅は140 cm以上であるか（手すりの幅は10 cm以内までは不算入）
（2）けあげは16 cm以下であるか
（3）踏面は30 cm以上であるか
（4）両側に手すりを設けているか
（5）識別しやすいものか
（6）つまずきにくいものか
⑤段以外に傾斜路またはエレベーターその他の昇降機を設けているか
⑥傾斜路
（1）幅は150 cm以上（段に併設する場合は120 cm以上）であるか
（2）勾配は1/15以下であるか
（3）高さ75 cm以内ごとに踏幅150 cm以上の踊場を設けているか（勾配1/20以下の場合は免除）
（4）両側に手すりを設けているか（高さ16 cm以下または1/20以下の傾斜部分は免除）
（5）前後の通路と識別しやすいものか

⑦上記①，③，⑤，⑥（1）から（3）は地形の特殊性がある場合は車寄せから建物出入口までに限る
⑧上記①，③，④，⑥（1）から（3）は車いす使用者の利用上支障がないもの[*8]は適用除外

---

駐車場（第12条）
①車いす使用者用駐車施設を設けているか（原則2％以上）
（1）幅は350 cm以上であるか
（2）利用居室などまでの経路が短い位置に設けられているか

---

浴室等（第13条）
①車いす使用者用浴室などを設けているか（1以上）
（1）浴槽，シャワー，手すりなどが適切に配置されているか
（2）車いすで利用しやすいよう十分な空間が確保されているか
（3）出入口の幅は80 cm以上であるか
（4）出入口の戸は車いす使用者が通過しやすく，前後に水平部分を設けているか

---

標識（第14条）
①エレベーターその他の昇降機，便所または駐車施設があることの表示が見やすい位置に設けているか
②標識は，内容が容易に識別できるものか（日本工業規格Z 8210に適合しているか）

---

案内設備（第15条）
①エレベーターその他の昇降機，便所または駐車施設の配置を表示した案内板などがあるか（配置を容易に視認できる場合は除く）
②エレベーターその他の昇降機，便所の配置を点字その他の方法（文字などの浮き彫りまたは音による案内）により視覚障害者に示す設備を設けているか
③案内所を設けているか（①，②の代替措置）

---

■視覚障害者移動等円滑化経路（道などから案内設備までのおもな経路にかかる基準）[*9]

---

案内設備までの経路（第16条）
①線状ブロックなど・点状ブロックなどの敷設または音声誘導装置の設置（風除室で直進する場合は免除）[*9]
②車路に接する部分に点状ブロックなどを敷設しているか
③段・傾斜がある部分の上端に近接する部分に点状ブロックなどを敷設しているか[*10]

---

「施設等」の欄の“第○条”はバリアフリー新法誘導基準省令の該当条文を示す。［出典：国土交通省ホームページ（http://www.mlit.go.jp/jutakukentiku/build/barrier-free.files/07-01 yuudou.pdf）］

*1　告示で定める以下の場合を除く（告示第1489号）：勾配が1/20以下の傾斜部分の上端に近接する場合。高さ16 cm以下で勾配1/12以下の傾斜部分の上端に近接する場合。自動車車庫に設ける場合。

*2　車いす使用者用駐車施設が設けられていない駐車場，階段などのみに通ずる廊下などの部分（告示第1488号）。

*3　告示で定める以下の場合を除く（告示第1489号）：自動車車庫に設ける場合。段部分と連続して手すりを設ける場合。

*4　車いす使用者用駐車施設が設けられていない駐車場などのみに通ずる階段である場合（告示第1488号）。

*5　告示で定める以下の場合を除く（告示第1489号）：勾配が1/20以下の傾斜部分の上端に近接する場合。高さ16 cm以下で勾配1/12以下の傾斜部分の上端に近接する場合。自動車車庫に設ける場合。傾斜部分と連続して手すりを設ける場合。

*6　車いす使用者用駐車施設が設けられていない駐車場，階段などのみに通ずる傾斜路の部分（告示第 1488 号）。

*7　告示で定める以下の場合を除く（告示第 1487 号）：自動車車庫に設ける場合。

*8　車いす使用者用駐車施設が設けられていない駐車場，段などのみに通ずる敷地内の通路の部分（告示第 1488 号）。

*9　告示で定める以下の場合を除く（告示第 1489 号）：自動車車庫に設ける場合。受付などから建物出入口を容易に視認でき，道などから当該出入口まで線状ブロックなど・点状ブロックなどまたは音声誘導装置で誘導する場合。

*10　告示で定める以下の部分を除く（告示第 1497 号）：勾配が 1 /20 以下の傾斜部分の上端に近接する場合。高さ 16 cm 以下で勾配 1 /12 以下の傾斜部分の上端に近接する場合。段部分または傾斜部分と連続して手すりを設ける踊場など。

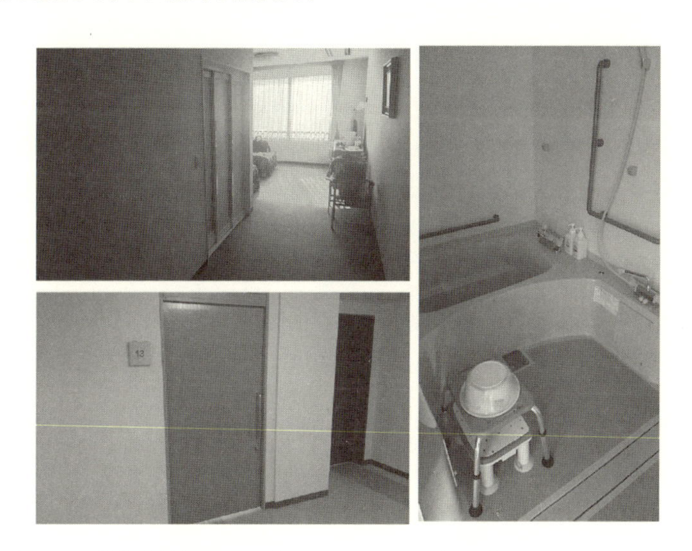


**図 3.80　筆者が宿泊してみたバリアフリールーム（長野県のアスティかたおか）**

国土交通省の建築物移動等円滑化誘導基準チェックリストに準拠していた。基本的には広すぎるように見えるが，実際には広すぎるくらいでちょうどよい。

交通施設と同じ考え方である（**図 3.80** 参照）。

この他，今後の動向としては，東京オリンピック 2020 や観光政策の強化などで海外からの訪問者が増えてくることへの対応が強化されるはずである。やはり言葉の問題が一番であり，英語圏・中国語圏・韓国語圏の人々への対応は充実してきたものの，その他の言語については対応が遅れている。そこで，筆者は共同研究を行なうＡ・Ｔコミュニケーションズ株式会社とともに，**口絵 4**

のフラッグロゴQの観光への応用も進めている。いわゆるQRコードの技術を念頭に，高度な印刷の技術を加味してフルカラーコード化したものである。このコードに国旗を入れることで，それをスマートフォンで撮影した人が当該国の母国語で観光案内を聞けるという仕組みである。すでに群馬県の富岡製糸場や京都府宇治市で導入の事例があり，今後はスマートフォンを用いた観光案内をはじめとしてナビゲーションシステムを構築することも，重要な福祉技術の一端をになう。

さらに，最近の観光環境の改善動向として紹介しておきたいことが，２つある。１つは，キッズスペースの設置である。**図 3.81** は，観光列車の車内でのキッズスペースの事例であるが，列車をはじめ閉鎖された公共空間では，子どもが飽きたり，ときに大声で騒いだり泣いたりし，周囲の人の観光に迷惑をかけるケースも多い。これを緩和するために，子どもとその親を対象にキッズスペースをつけることもひとつのユニバーサルデザイン，福祉的技術であり，注目したい。

もう１つの流れは，自然公園の中への福祉技術の導入およびユニバーサルデザインの推進である。むろん，国立公園や国定公園をはじめとした自然公園では，自然を守りながらの福祉技術導入が第一義となる。有人カウンターやチケット自動販売機などの施設は，おおむね前記した公共交通環境の設計基準に則る形がよい選択肢になる。現在では，環境省が「自然公園等施設技術指針」（2013年７月制定，2015年８月改定）を設けている。設計指針を見ればわかるが，個々にちがう自然環境を扱うために具体的な寸法などの情報はわれわれ専門家から

**図 3.81　観光鉄道車輌でのキッズスペースの例**

左はばんえつ物語号，右は現美新幹線（いずれもJR東日本）。公共空間では，飽きやすい子どもとその親のためにキッズスペースを設け，周囲の人に迷惑をかけないような工夫も一案である。

見ると少ない印象があるが，改善に向けたデザイン哲学は細かく記されているので読者も参照されたい（https://www.env.go.jp/nature/park/tech_standards/02.html；2016 年 11 月確認）。

また，観光庁もユニバーサルデザイン化の指針を出しているので参照されたい（http://www.mlit.go.jp/kankocho/shisaku/sangyou/manyuaru.html；2016 年 11 月確認）。

## 3.4 レクリエーション環境と福祉技術

次に，観光ほどではないが，日常的な都市生活環境にあるレクリエーション環境を改善していくうえでのポイントについて述べる。以下同様であるが，移動上の動線や，窓口，券売機，公共建築物での改善の要点（寸法など）はこれまで記述してきた内容で対応可能である。それ以外のポイントについて本章で説明する。

まず遊園地であるが，遊園地は小さい子どもとその親が楽しむところである。ゆえに，子どもとその親が安全・安心に楽しめないといけない。たとえば**図 3.82** を見てほしいが，遊園地や動物園では塀の内側から外のアトラクションや動物などを見る場合が多く，子どもが安全に見学できるような工夫が必要になってくる。この他，飲食施設では固定しないイスを用いて，車いすやベビーカーの利用も想定して，誰もが一緒に飲食ができるようにするとよい。シャワーの蛇口のひとつをホースにして手の届かないところまで洗い流せるようにする工夫，

**図 3.82　（左）子どもが塀によじ登り，塀の外を見ようとするのは危ない。（右）小さい子どもでも，塀の外を見られるようにするとよい（東京ディズニーシーの例）**［撮影：山中敏正（筑波大学）］

**図 3.83　遊園地などのテーブルは可動式のものを積極的に用いて，車いすやベビーカーに乗ったままで飲食ができるようにしたい（写真は国営海の中道海浜公園の例）**

［国営海の中道海浜公園より許諾を得て転載］

**図 3.84　ホース付きの洗い場や車いすに対応した水のみ場（写真は国営海の中道海浜公園の例）**

［国営海の中道海浜公園より許諾を得て転載］

**図 3.85　（左）車いすのまま乗れる乗り物（米国カリフォルニア），（右）車いす専用ブランコ（岩手県一関市）**

さまざまな身体特性を考慮し設計することで，車いすならびにベビーカーに乗ったまま一緒に遊ぶことの悦びを共有できる。［みーんなの公園プロジェクト・ホームページ（http://www.minnanokoen.net/report_hint_kaigai05.html）および岩手県一関市ホームページ（http://www.city.ichinoseki.iwate.jp/index.cfm/7,82953,156,html）より許諾を得て転載］

車いすの利用者や子どもも利用しやすい蛇口なども開発されており，床面地上高を 65～70 cm ほどにして飲みやすくするとよい（**図 3.83** と**図 3.84** は国営海の中道海浜公園の例）。

**図 3.85** のように，遊具もさまざまな身体特性を考慮し設計することで，車いすやベビーカーに乗ったまま，一緒に遊ぶことの悦びを共有できるように工夫をする。子どもは視野もせまいので，思わぬけがをする場合も少なくない。特に，物品の角に頭をぶつけたり，尖った部分でけがをしたりすることが多い。ゆえに，けがをしないような柔らかいゴム系の素材を利用したり，角の部分にマットをしたりするなどの工夫も必要である（**図 3.86**）。福祉技術では素材についても十分に考える。

スポーツの世界にも，ユニバーサルデザインの流れが来ている。代表的な例としては，ユニバーサルカヌーやアイススレッジホッケーなどである。ユニバーサルカヌーは，子どもとその親，各種障がいのある人でも楽しめるように設計されている。アイススレッジホッケーも下肢の不自由な人が楽しめるように設計されている（**図 3.87**）。東京では 2020 年にオリンピックが開催されるが，スタジアムでは**図 3.88** のような，誰もが一緒に楽しめるシート配置も必要になってくる。

映画館も，車いす利用者からの改善要望が多い。車いす利用時の目線からは，14 度斜め上にスクリーンがあると映画が見やすいことがわかっている。これ

**図 3.86　物品の角で頭をぶつけることも多く，マットでカバーする例も多い（上野駅）**

**図 3.87　足が不自由な人が利用しているユニバーサルカヌー（左）とアイススレッジホッケー（右）**
［（左）写真提供：和田精二，（右）写真：バンクーバー経済新聞，撮影：竹見脩吾］

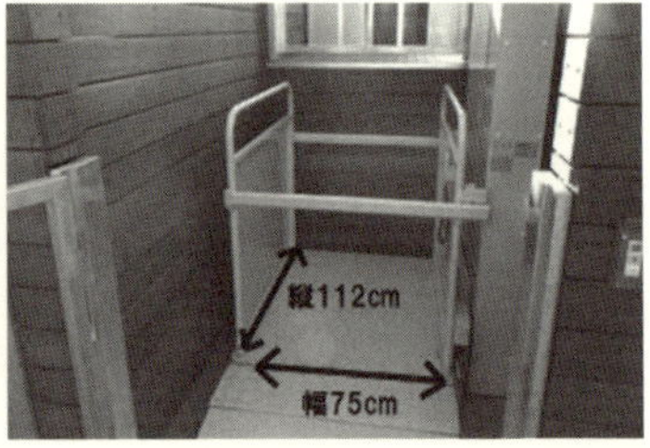


**図 3.88　車いすの利用者を想定した観戦スペース（車いすの利用者の目線を考慮した床面地上高 104 cm のフェンス）とリフト（広島のマツダスタジアムより）**
［広島東洋カープ公式サイト（http://www.carp.co.jp/ticket/kansen/kurumaisu.html）より許諾を得て転載］

**図 3.89　映画館の車いす用スペース**
1 台，750 mm × 1,300 mm のスペースが基本となっている。

**図 3.90　パチンコ屋（左）や車いす対応のダンス環境（右）でも，車いす対応が進む**
［写真提供：（左）木島英登バリアフリー研究所，（右）広島車いすダンスクラブ］

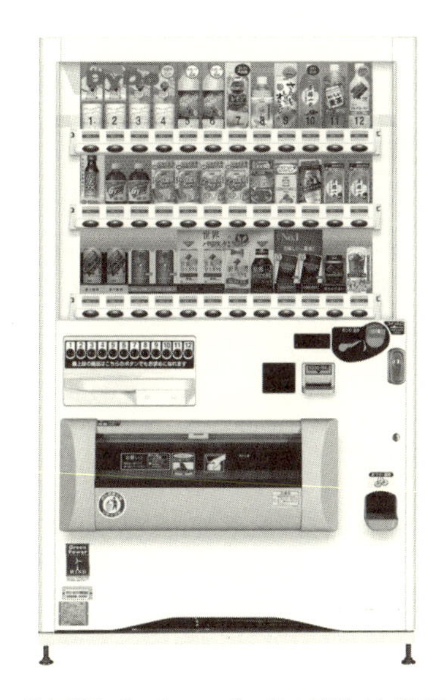

**図 3.91　近年増えているユニバーサルデザイン型自動販売機**
車いす対応のみならず，子どもでもそのまま飲み物を選択できるように，低い位置で購入品を選択できるようになっている。レクリエーション環境にもこの種の機器が増えている。［写真提供：ダイドードリンコ株式会社］

を軸に**図 3.89** のように，車いす対応のスペースを設けるパターンが増えている。チケット券売機などは，前記した鉄道環境の自動券売機と同じ設計基準を用いる。最近では，さまざまな人々の利用を想定したユニバーサルシアターも登場している。

筆者の研究室では，さまざまなジャンルのユニバーサルデザインの推進方法を学生と研究している。最近では，レクリエーション施設として，パチンコ屋やダンスホール，クラブなどのユニバーサルデザイン化も研究テーマとしている。趣味でもユニバーサルデザイン化が進んでいる（**図 3.90**）。

レクリエーション環境には，飲食物の自動販売機も多い。**図 3.91** のように，車いす利用時や子どもでも購入品を選びやすいようになっている。車いすに乗るときに手が届きやすいように設計しており，この種の機器が社会全体に増えている。

## 3.5　情報環境と福祉技術

情報環境に関しては，視覚障がい者のための聴覚からのガイダンス，聴覚障がい者のための視覚からのガイダンスが，それぞれ研究および実践されてきており，外国人のために前述した世界統一的なサイン掲示が進められてきている。

まず，家庭やオフィスでは，パーソナルコンピュータを使用する機会が増加している。特にノート型パソコンのハードウェアであれば，持ち運びが容易な軽量で薄い仕様，本体にフレックスバーを取り付けての持ち運びやすさの支援，写真立てと同じ機構を採用したバックスタンドは，メーカーが競って実施している。ケーブルによるけがも想定して，キーボードやマウスのワイヤレス化やスロットイン方式の DVD ドライブ，本体背面の収納用のガジェットポケット，利用シーンや目の状況を念頭に置き明るさを変更できる自動輝度設定システムなども一般的になった。ソフトウェアでも，複数の設定を１つのソフトウェアで行なうことができるような配慮，上肢障がい者や視覚障がい者らのための音声入力システムなども開発されており，さまざまな障がいを想定した開発が進んでいる。

さらに，高齢者や障がい者を含めスマートフォンが広く普及するようになっている。スマートフォンは，もはや１人１台の重要な個人的なインフラストラクチャーである。電話機能，電子メールなどのインターネットでのコミュニケーション全般などをカバーする。特に，高齢者や障がい者，外国人や子どもをもつ親は，従前，買物への抵抗が大きかった。しかし，スマートフォンの台頭で購買行動が著しく改善されて，地理的および空間的な購買制約からも解放された。衣食住のことを考えると，このスマートフォンの普及は革命的な変化といえる。

現在，筆者の研究室では，デイリーライフサポート（日常的な買物環境の福祉技術による改善）の研究開発プロジェクトを進めている。これは，前述のロゴQを活かして，スマートフォンで買いたい商品のロゴQを撮影し，事前にクレジットカード情報を一度登録しておくだけで，商品が届けられるシステムである（場合によりコンビニエンスストアでの引き取りなども可能とする）。**図3.92**のようなイメージである。これにより買物の行動的抵抗を大きく減らすことができる。従来のように何回も商品情報や個人情報などを入力・認証する手間も省け，セキュリティ性も高いコードのために安全かつ安心して取り引きができる。こうしてIoT時代には，システム志向の買物支援が誰にでも喜ばれるはずである。

スマートフォンでは，GPSと連動した位置情報確認システムや，目的地へのナビゲーションシステムも普及し，一般化している。これは，高齢者や障がい者，外国人が現在位置の把握に困難を来たす特性に基づいており，効果的で

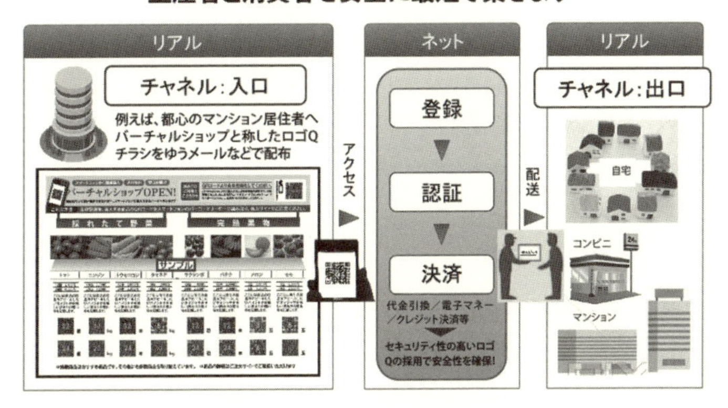


**図3.92　筆者らが開発しているデイリーライフサポートシステムのイメージ**

リアルの世界（都心のマンション居住者など）にネットの入口を誰にでもわかりやすく提供することで，生産者と消費者を安全に最短でつなぐことができる。

**図 3.93　日産自動車ショールームのデジタルサイネージ**
［写真提供：日産自動車］

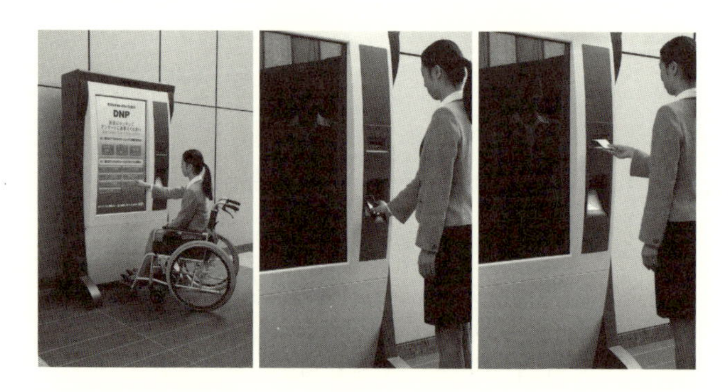


**図 3.94　大日本印刷の「アクティビジョン」**
画面にタッチして情報を検索閲覧できるし，スマートフォンをリーダーライターにかざし必要な情報やクーポンなどを保存できる。プリンター機能を追加すれば，クーポン券などを出力させることも可能である。駅などの公共施設でこうしたデジタルサイネージが普及するものと思われる。［写真提供：大日本印刷］

ある。

パソコンやスマートフォンなどのパーソナルな情報環境から，パブリックな情報環境に目を移すと，デジタルサイネージ（電子看板）の普及がめざましい。これも，頭を上げたり下げたりする無用な労力が誰にでもかからないようなデザインが必須である。車いすの利用者が頭を上げなくてもすむような，たとえば図 3.93 のようなデザインが求められる。あわせて，視覚表示だけでなく音声案内が出るようにしてあることが期待される。ソフトウェアを書き換えることで，外国語対応にバリエーションを加えることも可能であり，集客機能なども備えられることから，今後も普及が想定される（**図 3.94**）。

## 3.6　公共施設と福祉技術

官公庁などの公共施設についても，表 3.2 で掲げた「建築物移動等円滑化誘導基準チェックリスト」（国土交通省）が有用である。これは，さまざまな公共的建築物をつくり上げるうえで役に立つ設計基準値・方針が盛り込まれているので，改めてぜひ覚えておいてほしいし，今後も動向を追っていただきたい指針である。人が接遇するカウンターの設計条件も，これまで述べてきたもので問題はない。

特にこれから重要なことは，公共施設では「防災 × ユニバーサルデザイン」や「防災 × 福祉技術」という視座である。近年では，日本でも相変わらず地震が多く，火災なども一定件数，発生している。たとえば国土交通省も官公庁での整備指針をあげているが（http://www.mlit.go.jp/common/001108563.pdf 参照），このなかでも安全対策として，（1）適切な防災計画および避難計画に加え，非常時の確実な情報伝達のための多角的な情報伝達手段の確保により，すべての施設利用者が安全に避難できるよう配慮したものとする，（2）施設利用者の自由な移動と必要な防犯性の確保との両立に配慮する，と書かれてはいる。通路などの設計基準は表 3.2 などで最低基準は担保されているが，具体的な対策の記述はいまだに少ないといわざるをえない。こうしたなか筆者が過去に関与した床材の研究では，蓄光性をもたせて災害時の暗い中でも人を誘導できる避難誘導板にも着手してきた。停電や火災などのときでも光が人々の誘導に有用となる（**図 3.95**）。

また，スマートフォンを有効に活用する方法もある。**図 3.96** は，2016 年 11 月 22 日の東北地方太平洋側で発生した地震の際のテレビ報道の様子である。このときは，津波も来て報道も通常の地震より長くなった。これを見ると，日本語や英語であればどうにか情報を認知することが可能であることがわかる。だが，その他の言語圏の人は有事の際のパニックの中でどのように情報を認知

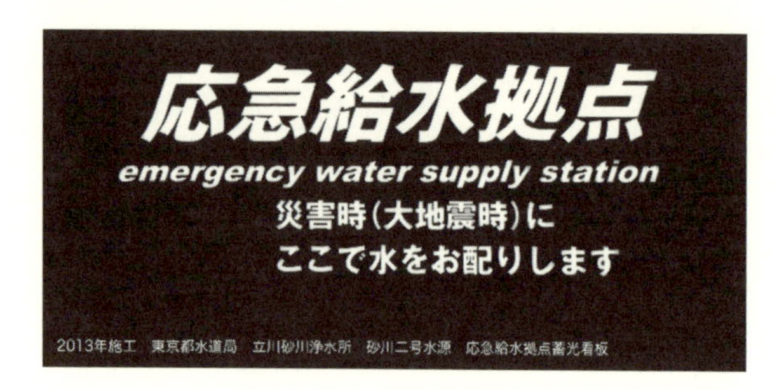


**図 3.95　蓄光性の誘導板**
停電や火災の際に有用である。非常口を示すために床に敷設するのも有効である。

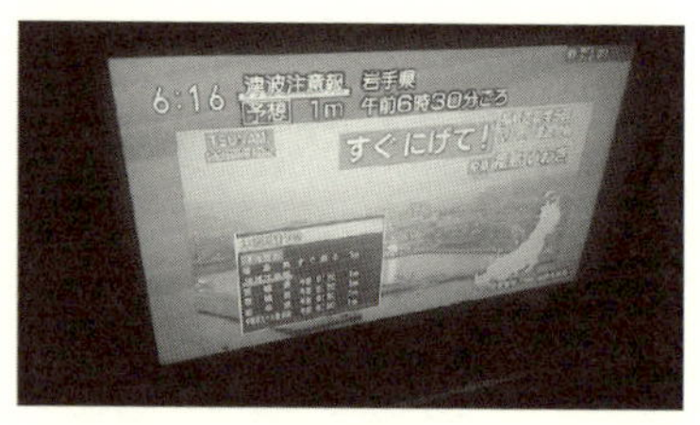


**図 3.96　テレビのようなブロードキャスト的メディアでは，日本語・英語以外の対応をどうするのかが鍵である。今後は，普及しているスマートフォンなどのパーソナルメディアを使う必要がある**

するかが問題になる。こうした場合には，やはり災害情報が母国語ですぐに聞けるような支援が必要であるが，ブロードキャスト的メディアよりスマートフォンなどのパーソナルメディアを使った支援が有効である。口絵4で前述したようなフラッグロゴQのカードを1枚持ち，これを撮影するだけでさまざまな母国語で避難情報を聞けるようにできる。筆者は，こうした取り組みも研究課題としている。

公共建築については，国土交通省が「ユニバーサルデザインの考え方を導入した公共建築整備のガイドライン」（具体的には http://www.mlit.go.jp/gobuild/shukan/ud_guideline/guideline.pdf を参照のこと）も発表をしているが，表3.2とともにハード面は検討が進んでいる。むしろ**図 3.97** にあげるような情報面などのソフト面の対応，人の接遇対応が今後の課題である。人の接遇対応については，3.8節で述べることとする。

日本に来られる海外からのお客さまを
優しくエスコートする道先案内人

図 3.97　フラッグ QR のカードだけ外国人に配布して，あとはスマートフォンで撮影すれば母国語の避難誘導情報が出るようにすると，災害時に効果的である

## 3.7　教育環境と福祉技術

小学校から大学までのハード面での設計は，やはり表 3.2 の公共建築物の設計指針に則ることで，最低限の問題解決にはなる（図 3.98～3.100）。教育現場では，障がいをもつ子どもたちをどのように包含していくか，インクルーシブな受入れの態勢を整備することが重要である。小学校や中学校の教室では，実にさまざまな個性をもつ子どもたちが同じ空間でともに学習している。文部科学省の 2011 年の調査によると，一定の発達障がい（LD，ADHD，高機能自閉症など）をもつ子どもたちが全体の 6.5 パーセントの割合でクラスに在籍している計算になるとのことである。このデータの重要なところは，30 人学級で 2

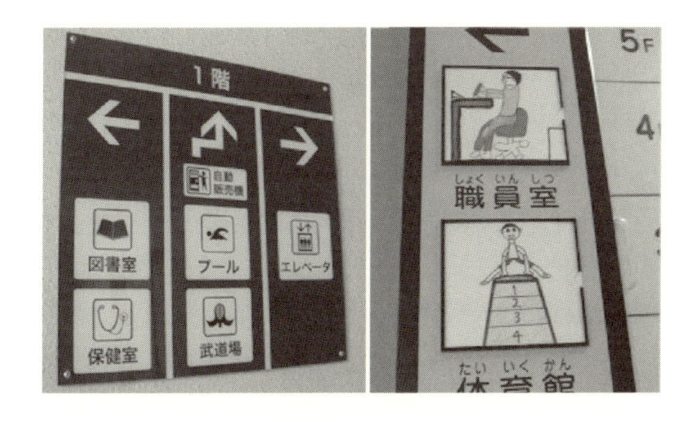


図 3.98　ピクトサインの例

学校内でもピクトサインを利用してわかりやすい情報提示に取り組む事例が増えている。左は高校の事例，右は小学校で用いられている事例である。

図 3.99　大学内で車いすの人も一緒に楽しめるスペースを設けたベンチ（左）や可変式のいすと机，マルティメディアを完備した教室（右）が増えている

図 3.100　車いすでも使えるような大学の証明書発行機（千葉工業大学の例）

人，中学校などで見られる 50 人学級であれば 3 ～ 4 人の発達障がい者が含まれるということである。今後は学習のスピードが遅い子ども，集中力が長く続かない子ども，常にぼーっとしている子どもや，発達障がいの診断を受けていなくても教師にとって気になる子どもたちも包含する必要がある。それで福祉への相互理解も深まっていく。

ユニバーサルデザイン教育という考え方も出ており，次が三大要点である。

①教室のユニバーサルデザイン化――授業に集中できるよう黒板の周りの装飾を最低限にする。一日の流れや授業の流れを掲示して，誰もがわかりやすいように一日の計画を掲げ，心配させない。

②伝わりやすい授業――子供にわかる言葉でゆっくり話す。ポイントを板書

して視覚化の工夫をする。

③ルールの設定――学級内のルールをきちんと定め明文化する。ルールをわかりやすい所に掲示する。

上記が，学校であらゆる児童・学生を包括していくグランドデザインの三大ポイントである。さらにこれを前提に，授業や講義では次の4点（すべての人を包含するインクルーシブ教育の四大ポイント）を意識していく。

①目標や活動を焦点化する――教材についてよく分析を行ない，毎回，無理のない範囲でねらいの明確化を行なう。

②ステップを考えながら目標に接近する――スモールステップが特別支援学級を含め原則。目標を小→大にするのが基本。

③目標に向けて土台を共有する――理解に無理がないようにねらいをしぼる。ねらいの後ろにある背景もわかりやすく。

④教材の視覚化・具体化――耳からの情報だけでなく視覚化して，誰もが授業内容を享受できるようにする。

以上あげた4点は，支援の必要な児童・学生に対しては「必要不可欠」な支援であり，その他の生徒に対しては「あったらいい」支援である。特別支援教育を普通の学級に持ち込むという考え方が，ユニバーサルデザイン時代に必要であり，将来すべての人を包含する教育（インクルーシブ教育）の原則となる。

前述したとおりであるが，聞く・話す・読む・書く・計算・推論の六大能力のうち，どれか特定の能力のみに著しく困難がある学習障がいの児童および学生は少なからずいる。目・耳から脳に送られた情報がうまく伝わらずに，耳で聞く・話すことに困難がある聴覚性の障がい，書きに困難がある視覚性障がい，計算に困難がある算数障がいなどがあっても，それ以外の学習の能力は他と劣らない。

ゆえに一般の教育機関や大学に進学可能な場合も多く，筆者が勤務する東京都市大学のようにDOL（disorder of learning）支援のプロジェクトをもつケースも増えている。名古屋大学のようにユニバーサルデザインのガイドラインをもつ例も増えている（**図3.101**）。こうすることで，いろいろな人々が安心して勉学に勤しむことができる。

他にも，学校の中ではボランティア活動への理解，福祉への相互理解進化を

**図 3.101　キャンパス内でのユニバーサルデザインガイドラインを設けた名古屋大学の例**
ガイドラインを設けることで，外国人留学生や障がいをもつ学生が安全に過ごせる。

ねらい，聴覚障がい者学生のためのノートテイキング活動や外国人留学生のための翻訳活動も教育効果があり，大学をはじめ取り入れる例が増えている（**口絵 5**）。

## 3.8　日常的サービスと福祉技術

われわれは日々，人と接して生きており，人的なサービスをしたり受けたりして都市生活を送っている。そのため，本書のテーマである，高齢者，障がい者，外国人，子どもやその親をはじめ，多様な幅広い客層が快適に過ごせるようにそれぞれの職場でサービス構築を将来に向け行なう必要がある。たとえば，スタッフ各人の意識を高めるため，障がい者や高齢者，妊娠中の方などへの応対をまとめた独自のマニュアルを策定して，勤務するスタッフ全員と共有のうえで映像教材などを用いた研修も実施する例は各業界で増えている。特に2016年施行の障がい者差別解消法の趣旨をマニュアルに織り込み，研修する例も多い。

店舗やエリアごとに社員がワークショップを開きディスカッションして，店舗やエリアの特性に応じたユニバーサルデザインの取り組みを考えるチャンスも各方面で増えている。ロールプレイを含む実践的な内容を組み入れた接遇研修も多い。職場内で，高齢者や障がい者，外国人，子どもやその親への接し方の要点や好事例をまとめて共有し，各拠点での研修や応対改善に用いるのも有効である。近年では，バス運転手やタクシー運転手，銀行の窓口スタッフや駅員などが「サービス介助士」の資格を取得している例も着実に増えている。

ここで，サービス介助士の接遇ポイントが，人的な対応としての福祉技術のポイントになる。テクノロジーではない福祉の基本的なスキル＝技術となる。これらを押さえることで，ほとんどの都市生活環境での人的な支援が可能となる。

### 3.8.1 高齢者全般への支援のポイント

#### (1) 感覚機能の低下に対する支援のポイント

視力が低下すると（老人性白内障など），細かい文字や淡い色などが見えにくくなるので，大きな文字でコントラストの強い組合せで表示する。

聴力が低下すると（老人性難聴など），高音が聞き取りにくく，音を聞き分ける能力が低下する。低めのトーンで滑舌よく，ゆっくり話すように心がける。

味覚・嗅覚・触覚の低下も起こる。事故やけがをしないように配慮をする。

#### (2) 運動機能の低下に対する支援のポイント

柔軟性が低下し，身体が動かしにくくなるので，困っている様子を見かけたら手伝う。

筋力が低下し，腕や足の筋力が低下するので，握る・捻るなどの動作が難しかったり，歩行速度や動作がゆっくりになったりする。段差などでつまずきやすくもなるので，声かけをしながら相手のペースに合わせて寄り添う。

反応能力の低下も起きるので，一緒にエスカレーターに乗ったり，自動ドアの開閉に気を配ったりもする。

### 3.8.2　車いす利用者への支援のポイント

(1)　声かけ

車いす利用者と目線を合わせて声をかける。動かす前に動作内容を伝える。

(2)　ブレーキ

車いすのそばから離れる場合は，必ずブレーキをかけるようにする。

(3)　坂道

基本的に上り坂は前向き，下り坂は後向きで進む。

(4)　足台

足台に足を乗せてから，車いすを動かしはじめる。立ち上がるときは，足台から地面に足がおりているかどうかを確認する。

(5)　操作中

車いすを動かしている最中は速度や振動に配慮し，車いす利用者が安全かつ安心できる案内をする。

(6)　エレベーター

エレベーターの入口に溝があるので，車いすのキャスターがひっかからないようにする。できるだけ後ろ向きで乗り降りを支援する。

(7)　段差の登り方

車いすが後ろに傾くことを伝える。

ステッピングバーの先端に片足を乗せて，前方に足を押し出すと同時にハンドルを手前に引く。

浮いたキャスターを段の上に乗せて，4つの車輪が地面に接地していることを確認する。

車いすの背もたれに太ももの側面をつけて，段差に沿わすように大車輪を段の上に乗せる。

腕の力だけで持ち上げないようにする。

(8)　段差の降り方

降りることを伝え，降りる方向に対して後ろ向きにする。

車いすが後ろに傾くことを伝え，車いすの背もたれに太ももの側面をつけて，大車輪を段の下におろす。

ステッピングバーを用い，キャスターを段の下におろす。

(9) 階段での持ち上げ

車いすの種類による対応を意識する。

介助用車いすは 4 名，電動車いすは 6 名以上での対応が基本。

持ち上げたときには，ずれない部位を持つ。方向にも注意する。

階段を登るときは前向き，降りるときは後ろ向き（持ち上げの手伝いをする人は前向き）が基本である。

### 3.8.3　視覚障がい者への支援のポイント

(1) 手伝いのポイント

笑顔の伴った声かけをするようにして，緊張感を与えない。話しやすいようにする。

手引きを行なうときは一歩または半歩先を歩き,「進む」や「止まる」をはっきり伝える。周囲の状況も詳しく伝えるようにする。

(2) 手引き方法

手引きを行なうときには，手引き者の身体の一部（ひじや肩など）を持ってもらう。

歩きはじめて方向転換や一時停止する場合は，必ず声をかけてから動作を行なう。

手引きを行なうときは基本的にまっすぐ進む。方向の転換は直角に曲がるようにして，それをルールとしてイレギュラーな曲がり方などを避け，安全を図る。場所や方向を説明するときは，「右／左／ 10 m先」などのように具体的に説明し，「もう少し／あちら」などのような抽象的な表現は避ける。

(3) 案内する際にしてはいけないこと 4 カ条

・声をかける前に身体に触れない（恐怖感や不信感を与えないように）

・身体を押したり，腕を引っぱったりしない（恐怖感を与えないように）

・白杖にむやみに触れない

・不安定な場所に一人にしない

### 3.8.4 聴覚障がい者への支援のポイント

(1) コミュニケーションの方法

・口話――正面からよく見える位置で口を大きくはっきり開け，文節ごとに区切って話す。

・筆談――キーワードを書くようにし，まちがえてはいけないことは必ず筆談する。なるべくひらがなでわかりやすく書く。メモ帳とペンを携帯しておき，必要に応じて使う。

・ジェスチャーなど――ジェスチャー（身振り・手振り）は大いに活用する。

・手話――挨拶などの生活上の重要な手話を覚えておく。

## 3.9 住宅と福祉技術

住まい，住宅そのものをユニバーサルデザイン化することも，高齢化社会では重要な視座である。障がいをもった場合，子どもが産まれた場合も想定し，デザインを行なうことが大切である。住宅は個人的なものなので，前述のような国レベルでのユニバーサルデザイン設計基準があるわけではない。障がいをもった場合を想定すれば，これまで述べてきたような公共施設での設計基準も大いに参考になり，援用が可能である。しかし，個人住宅ではスペースに余裕がないことが通常であり，独自の設計の考え方があると，われわれ都市生活者には助かる。そうしたなかで北海道の「公営住宅ユニバーサルデザインガイドブック 2010」は参考になる。公営住宅ではあるが，通常の個人住宅にも参考になる設計基準が多数盛り込まれている。**図 3.102～3.104** は参考になるので参照したい。あわせて，個人の住宅をユニバーサルデザイン化するためのチェックリストとして，北海道ユニバーサルデザイン公営住宅整備指針が大いに参考になる（**図 3.105**）。

製品のユニバーサルデザインについては，それだけで一冊の本ができるぐらいに多種多様な製品とユニバーサルデザインがあるので，その基本的な方向性のみ本書で述べておく。現状では，経済産業省が中心となってアクセシブルデザイン（狭義のユニバーサルデザイン）の製品普及を，日本工業規格いわゆる JIS 策定などを通じて国レベルで推進している。要は，JIS の関連基準を参照

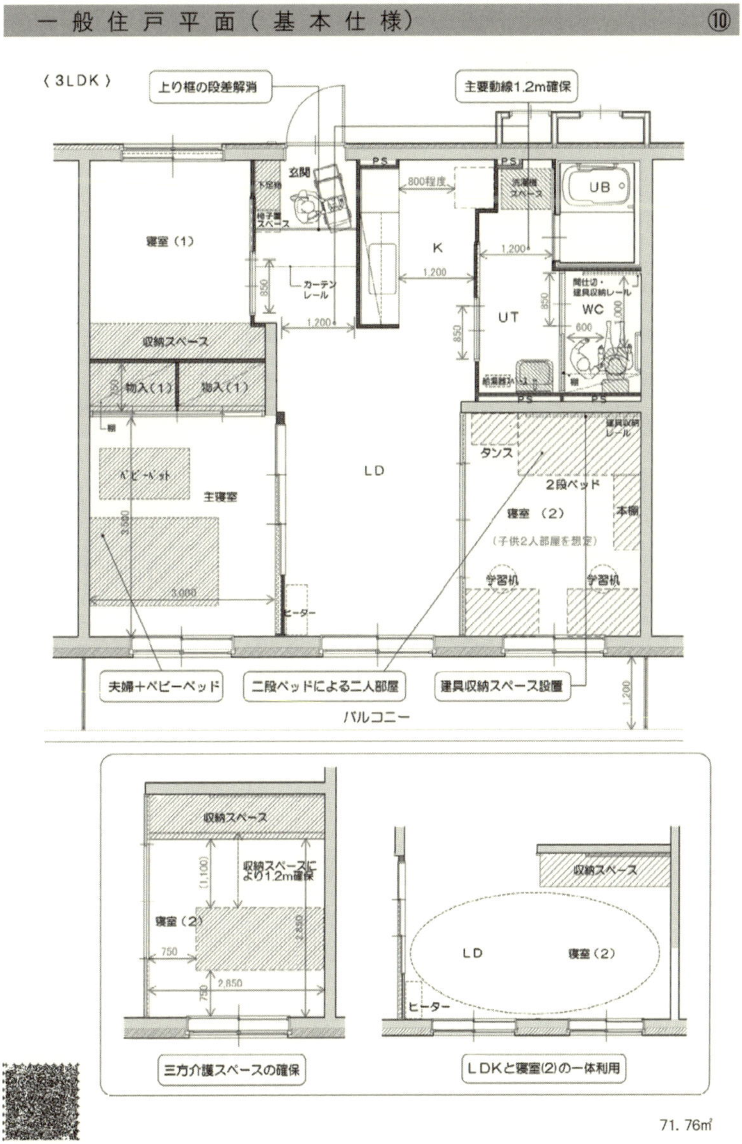
一般住戸平面（基本仕様）
⑩
（3LDK）
上り框の段差解消
主要動線1.2m確保
PS
玄関
800程度
K
UB
寝室（1）
カーテンレール
1,200
UT
WC
850
600
収納スペース
物入（1）
物入（1）
LD
タンス
2段ベッド
寝室（2）
（子供2人部屋を想定）
本棚
主寝室
ベビーベッド
学習机
学習机
3,000
ヒーター
夫婦＋ベビーベッド
二段ベッドによる二人部屋
建具収納スペース設置
バルコニー
1,200
収納スペース
収納スペースにより1.2m確保
寝室（2）
750
2,850
三方介護スペースの確保
収納スペース
LD
寝室（2）
ヒーター
LDKと寝室(2)の一体利用
71. 76㎡

**図 3.102　北海道が提起する一般住戸（3 LDK）のユニバーサルデザインの基準**
［北海道庁「北海道公営住宅ユニバーサルデザインガイドブック 2010」（http://www.pref.hokkaido.lg.jp/kn/jtk/udtorikumi2.pdf）より許諾を得て転載］

## 一般住戸平面（基本仕様）⑩

〈2LDK〉

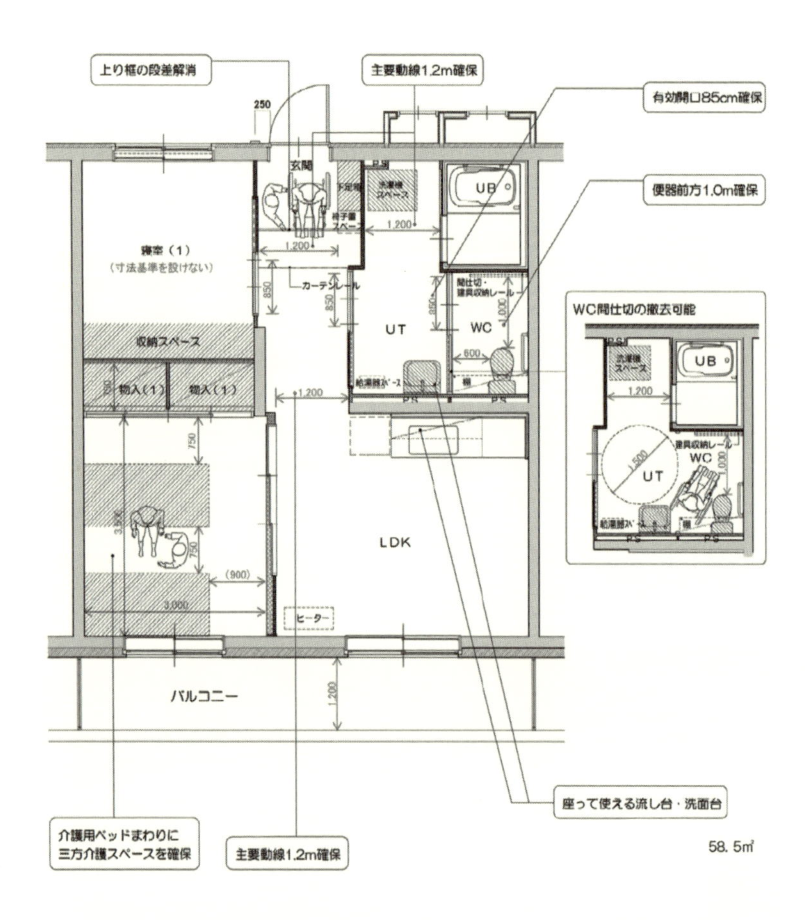


**図 3.103　北海道が提起する一般住戸（2 LDK）のユニバーサルデザインの基準**

［北海道庁「北海道公営住宅ユニバーサルデザインガイドブック 2010」(http://www.pref.hokkaido.lg.jp/kn/jtk/udtorikumi2.pdf) より許諾を得て転載］

一般住戸平面（基本仕様） ⑩

〈2DK〉

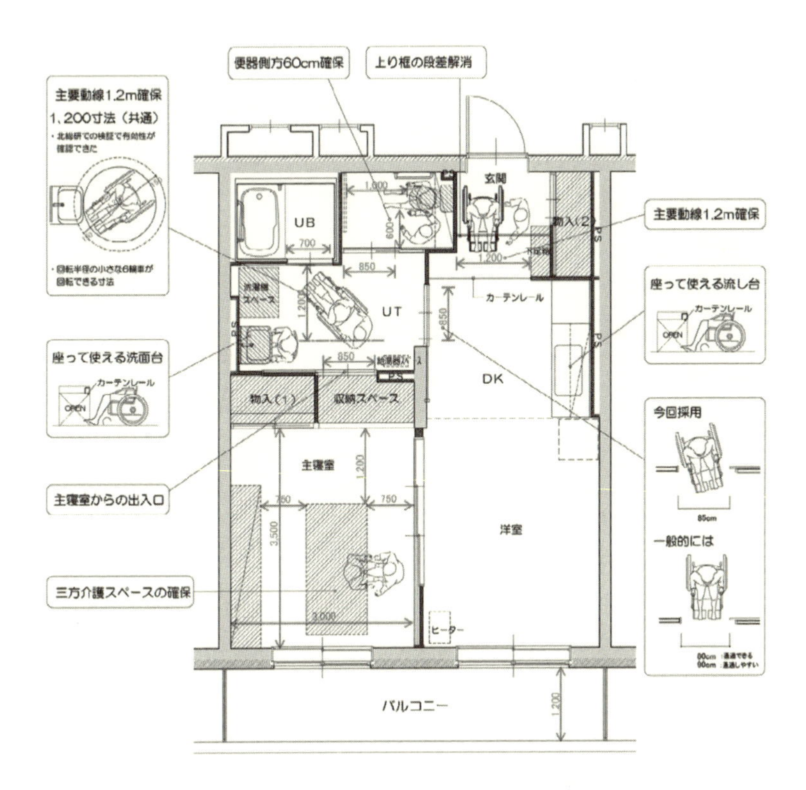


48.75㎡

**図 3.104 北海道が提起する一般住戸（2 DK）のユニバーサルデザインの基準**
［北海道庁「北海道公営住宅ユニバーサルデザインガイドブック 2010」（http://www.pref.hokkaido.lg.jp/kn/jtk/udtorikumi2.pdf）より許諾を得て転載］

## 3）北海道ユニバーサルデザイン公営住宅整備指針

**① 整備目標**

| 整備目標 | 考え方 |
|---|---|
| **自活性能の向上**<br>あらかじめバリアを除いたシンプルなつくり | なるべく多くの人が安全で安心して暮らせる住宅とするため、特に身体機能が低下した高齢者や小さな子ども等が安全に暮らせるように配慮し、日常生活のバリアを取り除き、使いやすいシンプルなつくりとする。<br>・住宅内部に段差等のバリアがなく、安全に移動できること<br>・シンプルで使いやすい平面計画とすること<br>・操作が解りやすく使いやすい住宅設備とすること |
| **介護性能の向上**<br>在宅介護にも配慮した暮らしやすい部屋の広さを確保 | 公営住宅に入居する高齢者が介護を必要とする身体状況となっても同居家族等による在宅での介護により自立した生活を継続できるよう、日常的な介護に必要なスペースを確保する。<br>・主寝室や便所について介助に支障のない広さを確保すること<br>・住戸内や共用部分について車イスでの移動に支障のないこと |
| **多様性への対応**<br>多様な住まい方に対応できる柔軟性への配慮 | 高齢者や子育て世帯など多様な世帯が入居する公営住宅では、世代や世帯人数が様々であり、入居世帯の家族構成や住まい方に合わせられるよう間取りの柔軟性を確保する。<br>・多様な世帯が暮らしやすい平面計画とすること<br>・居室や収納の使い方等の柔軟性を高めること |

**② 整備指針**

1. 住戸部分

1-1. 住戸部分共通項目

<基本的な考え方>
・身体機能が低下した高齢者や車イス使用者が、安全に住戸内を移動でき、日常動作を行えること
・子どもから高齢者、車イス使用者まで全ての入居者が、解りやすく使いやすい住宅設備とすること
・地震発生時の住戸内での被害を抑え、入居者の避難が安全に行えること

**整備内容**

＜基礎事項＞
（1）住戸内段差
・住戸内に段差を設けない
（但し、「玄関出入口」、「玄関上がり框」、「バルコニー出入口」、「居室部分の床とその他の床」を除く、「バルコニー出入口」については180㎜以下の単純段差、250㎜以下の単純段差+手すり、180㎜以下のまたぎ段差+手すり）
… 住宅性能表示制度等級3により規定（以下、「等級3」とする）
「居室部分の床とその他の床」300㎜以上450㎜以下　… 等級3
（2）主要住戸内通路※1　（※1主寝室、居間、脱衣室、便所、玄関を結ぶ通路）
・有効幅員1200㎜以上（但し、車イスでの移動に支障が無いと判断できる場合は850㎜以上とすることも可）
（3）主要住戸内通路出入口建具
・有効開口幅員850㎜以上（但し、車イスでの通過に支障が無いと判断できる場合は800㎜以上とすることも可）
（4）手すり
・浴室　浴槽内での姿勢保持・立ち上がり用を設置
　　　　浴室出入り口用は設置準備（下地等）
　　　　浴槽出入り用を設置　… 等級3
・便所　立ち座り補助用を設置　… 等級3
・玄関　靴等の着脱用を設置（設置準備も可）　… 等級3
・脱衣室　衣服の着脱用を設置（設置準備も可）　… 等級3
・転落防止　各部位に応じた基準に基づき設置　… 等級3
（5）住宅設備
・電気スイッチ　ワイドスイッチとし、スイッチ中心部を床から1m程度の高さに設置
・台所及び洗面水栓　シングルレバーとする

68

図3.105　北海道ユニバーサルデザイン公営住宅整備指針（一部，pp.68-73）
［北海道庁（http://www.pref.hokkaido.lg.jp/kn/jtk/sankousiryou.pdf）より許諾を得て転載］

・インターホン　設置する
・家具の設置を想定する壁及び天井は入居者による家具転倒防止対策が可能なつくりとする
＜配慮事項＞
（6）主要住戸内通路出入口建具
・引き戸とし、操作しやすい手がかり形状とする
（7）避難経路の安全確保
・主寝室から玄関までの避難経路に高さのある家具を配置しないよう計画する

1-2. 玄関・ホール

＜基本的な考え方＞
・身体機能が低下した高齢者や車イス使用者が、安全に移動し動作を行えること
・ベビーカー・シルバーカーを、容易に使用できること

整備内容

＜基礎事項＞
（1）玄関戸
・有効開口幅員 850 ㎜以上（但し、車イスでの通過に支障が無いと判断できる場合は 800 ㎜程度とすることも可）
（2）ホール
・有効幅員 1,200 ㎜以上、奥行 1,500 ㎜以上
（但し、建具の開放等で車イス等の使用(移動・転回)に支障のないと判断できる場合は有効幅員・奥行以下とすることも可）
（3）住戸出入口段差
・くつずりと玄関外側の高低差を 20 ㎜以下、かつくつずりと玄関土間の高低差を 5 ㎜以下　… 等級３
（4）住戸玄関外部段差※2　（※2 共用部分の無い住棟における住戸玄関部分、玄関ポーチ部分などの段差）
・最小限の段差とする
（5）インターホン（再掲）
・設置する
＜配慮事項＞
（6）玄関出入口段差
・段差を設けない
（7）玄関あがり框の段差
・20 ㎜以下とする
（8）住戸玄関外部段差
・段差を設けない
（9）イス設置スペース
・靴履替用イスの設置スペースを確保する

1-3. 便所

＜基本的な考え方＞
・子どもから高齢者、車イス使用者まで全ての入居者が、安全に使用できること
・子どもの付き添いや身体機能が低下した高齢者の介助が容易に行えること

整備内容

＜基礎事項＞
（1）介助空間の確保
・便器前方 1,000 ㎜程度、便器側方 600 ㎜程度を確保（ともに建具の開放・取外しによる確保も可）
（2）手すり（再掲）
・立ち座り補助用手すりを設置　… 等級 3
＜配慮事項＞
（3）便所間仕切り壁
・脱衣室との間仕切り壁を取り外し可能とする

**1-4. 浴室**

**〈基本的な考え方〉**

・子どもから高齢者まで、安全に使用できること

・子どもの付き添いや身体機能が低下した高齢者のシャワー使用が支障無く行えること

**整備内容**

**＜基礎事項＞**

（1）広さ（ユニットバスサイズ）

・内法で短辺 1,200 ㎜以上かつ長辺 1,600 ㎜以上（1216 サイズ）

（2）手すり（再掲）

・浴槽内での姿勢保持・立ち上がり用の手すりを設置

・浴室出入口に手すりを設置準備

・浴槽出入り用を設置　… 等級 3

（3）浴室出入口

・段差のないこと

・有効開口幅員 650 ㎜程度

（4）浴室水栓

・温度調整付混合水栓とする

**＜配慮事項＞**

（5）浴室出入口建具

・引き戸とする

**1-5. 洗面・脱衣室**

**〈基本的な考え方〉**

・身体機能が低下した高齢者や車イス利用者が、安全に使用でき、浴室や便所への移動に支障がないこと

**整備内容**

**＜基礎事項＞**

（1）広さ

・有効内法寸法 1,200 ㎜以上（但し、車イスの使用等に支障の無い場合は 850 ㎜以上とする）

（2）洗面台水栓（再掲）

・シングルレバーとする

（3）手すり（再掲）

・衣服着脱用手すりを設置（設置準備も可）　… 等級 3

**＜配慮事項＞**

（4）洗面台

・座って使用できるように洗面台下部を開放できる仕様とする

**1-6. 主寝室**

**〈基本的な考え方〉**

・在宅介護を想定した広さを確保すること

**整備内容**

**＜基礎事項＞**

（1）室内寸法

・室内有効寸法　3,500 ㎜ ×2,850 ㎜以上

（但し隣室との建具の開放等により一体的に使用可能で、主寝室にベッド 2 台を設置し必要な介助スペースが確保出来れば可）

（2）家具転倒防止（再掲）

・家具の設置を想定する壁及び天井は入居者による家具転倒防止対策が可能なつくりとする

**＜配慮事項＞**

（3）床

・ベッド設置に適する洋室とする

| 1-7. 居間・食事室・台所 |
| --- |
| <基本的な考え方><br>・身体機能が低下した高齢者や車イス使用者が、安全に日常動作を行えること<br>・様々な生活様式に対応できるように、使いやすい平面計画とすること |
| 整備内容 |
| <基礎事項><br>（1）平面計画<br>・家具配置等、様々な生活様式に対応できるよう居間・食事室・台所を一体的に計画し使いやすい平面計画とする<br>（2）台所水栓（再掲）<br>・シングルレバーとする<br>（3）家具転倒防止（再掲）<br>・家具の設置を想定する壁及び天井は入居者による家具転倒防止対策が可能なつくりとする<br><配慮事項><br>（4）建具<br>・居間と隣接する居室との間は開放可能な建具とする<br>（5）台所流し台<br>・座って使用できるよう流し台下部を開放できる仕様とする |
| 1-8. 収納 |
| <基本的な考え方><br>・入居世帯の家族構成や収納量等に柔軟に対応できるよう配慮すること<br>・身体機能が低下した高齢者や車イス使用者が、安全に使用できること |
| 整備内容 |
| <基礎事項><br>（1）収納寸法等<br>・日常の使い勝手に配慮した広さ、形状で計画する<br>・主寝室の収納奥行は布団が3枚折りで収納できる有効750㎜程度を確保する<br><配慮事項><br>（2）建具<br>・建具を設置する場合は、身体状況にかかわらず使用しやすい建具とする<br>・収納量の変更や家具設置等、多様な使い方に対応できるよう取り外し可能な建具や壁等で計画する |

**2. 共用部分**

**2-1. 共用部分共通項目**

<基本的な考え方>
・子どもから高齢者、車イス使用者まで全ての利用者が、安全・安心に生活できること

**整備内容**

＜基礎事項＞
（1）主要動線※3　（※3 各住戸玄関から外周道路、または団地駐車場への主となる動線）
・段差を設けない（2 階建住棟の共用階段を除く）
（なお、長屋形式あるいは平屋建の住棟で共用廊下・雁木等を設けずに住戸玄関が直接外部空間に接続する場合の住戸玄関前の段差については、「1-2.玄関・ホール、(4)住戸玄関外部段差」規定により最小限の段差とする）
・滑りにくい床仕上げとする
＜配慮事項＞
（2）防犯
・見通しを確保し死角をつくらない

**2-2. 共用廊下**

<基本的な考え方>
・子どもから高齢者、車イス使用者まで全ての利用者が、安全・安心に移動できること
・車イス使用者と歩行者が安全にすれ違いできること

**整備内容**

＜基礎事項＞
（1）幅員
・手すり内法有効幅員 1,200 ㎜以上
（2）高低差
・段差を設けない　... 等級 3
・廊下に高低差がある場合は 1/20 以下の傾斜路を設置
（3）手すり
・少なくとも片側に手すりを連続して設置　... 等級 3
＜配慮事項＞
（4）幅員・アルコーブ
・住戸玄関前にアルコーブを設ける（手すり内法有効幅員は 1,200 ㎜以上を確保）
・住戸玄関前にアルコーブを設けない場合は、手すり内法有効幅員を 1,400 ㎜以上
（5）防犯
・防犯に配慮し明るさを確保する

**2-3. 共用玄関**

<基本的な考え方>
・子どもから高齢者、車イス使用者まで全ての利用者が、安全に移動できること
・子どもから高齢者、車イス使用者まで全ての利用者が、解りやすく使いやすい設備とすること

**整備内容**

＜基礎事項＞
（1）共用玄関
・主となる共用玄関戸は引き戸とし有効開口幅は 900 ㎜以上とする
・段差を設けない
（2）郵便受・掲示板・階数表示
・郵便受　車イス使用者が使用できる高さとする
・掲示板　主要動線に設置し十分なサイズとする
　　　　　車イス使用者が見やすい高さに設置する
・階数表示　高齢者や子ども、車イス使用者が見やすい位置に設置する
　　　　　　高齢者や子どもがわかりやすい表示とする

**＜配慮事項＞**

（3）共用玄関戸

・主となる共用玄関戸の有効開口幅は 1,200 ㎜以上とする

**2-4. 共用階段**

**〈基本的な考え方〉**

・子どもから高齢者まで、安全に昇降できること

**整備内容**

**＜基礎事項＞**

（1）幅員

・手すり内法有効幅員 1,200 ㎜以上

（2）構造

・勾配等　踏面 240 ㎜以上、550 ㎜≦ 2R+T ≦ 650 ㎜（R:けあげ高さ、T:踏面長さ）　… 等級 3

・蹴込み　30 ㎜以下　… 等級 3

・形式等　通路等への食い込み、突出なし　… 等級 3

・滑り止め　踏面と同一面とし段差が生じないこと

・段鼻　設けない

（3）手すり

・両側に設置（端部を水平 200 ㎜以上伸ばし曲げる）

**2-5. エレベーター**

**〈基本的な考え方〉**

・子どもから高齢者、車イス使用者まで全ての利用者が、安全・安心に使用できること

**整備内容**

**＜基礎事項＞**

（1）エレベーター（EV）出入口

・開口幅 800 ㎜以上　… 等級 3

（2）EV ホール

・1,500 ㎜ ×1,500 ㎜以上　… 等級 3

（3）住棟出入口から EV ホールへの経路

・段差を設けない、高低差が生じる場合は 1/20 以下の傾斜路とする

**＜配慮事項＞**

（4）EV カゴ

・奥行 1,350 ㎜ × 間口 800 ㎜以上

・EV 扉に窓を設置

・EV 扉の反対側壁面に鏡を設置

・ストレッチャーの出し入れが可能な仕様とする

**2-6. 外部通路**

**〈基本的な考え方〉**

・子どもから高齢者、車イス使用者まで全ての利用者が、共用玄関から外周道路・団地駐車場まで安全・安心に移動できること

**整備内容**

**＜基礎事項＞**

（1）主要外部通路※4　（※4 主要動線となる通路、各住戸玄関から外周道路、または団地駐車場への主となる外部通路）

・有効幅員 2,000 ㎜以上

・段差を設けない

・敷地に高低差がある場合は、原則 1/20 以下のスロープとする（1/20 を越える場合は手すりを設置）

・除雪しやすい計画とする

（2）排水溝

・車イスやベビーカーのタイヤ等が入り込まない安全な仕様とする

し製品開発を行なうこととなる。具体的に経済産業省では，国際ルールである ISO/IEC Guide71 をもとに制定した JIS Z 8071（高齢者および障がいのある人々のニーズに対応した規格作成配慮指針）で「アクセシブルデザイン」という概念を定義している。その概念に基づき現在では，包装容器の識別や消費生活用製品の凸記号表示，触知案内図などをはじめ約 30 の JIS 規格を制定するに至っている。あわせて，子どもの事故を想定して安全なキッズデザイン製品市場の拡大をめざして，2010 年度から経済産業省は「キッズデザイン製品開発支援事業」も実施している。こうした政策的な動きを経て，アクセシブルデザインの市場規模が 1995 年度の当初 4,800 億円の市場規模が，2008 年度には 3 兆 3 千億円（7 倍）になっており，これが現状でも伸びているものと考えられている。なお，経済産業省ではアクセシブルデザインの普及に向け，逐次パンフレットを配布している（**表 3.3**）。

**表 3.3　アクセシブルデザイン関係の JIS 規格の例**

| | | |
|---|---|---|
| 基本規格 | | |
| 1 | JIS Z 8071 | 「高齢者及び障害のある人々のニーズに対応した規格作成配慮指針」 |
| 視覚的配慮 | | |
| 2 | JIS S 0031 | 「高齢者・障害者配慮設計指針―視覚表示物―年代別相対輝度の求め方及び光の評価方法」 |
| 3 | JIS S 0033 | 「高齢者・障害者配慮設計指針―視覚表示物―年齢を考慮した基本色領域に基づく色の組合せ方法」 |
| 4 | JIS S 0032 | 「高齢者・障害者配慮設計指針―視覚表示物―日本語文字の最小可読文字サイズ推定方法」 |
| 聴覚的配慮 | | |
| 5 | JIS S 0013 | 「高齢者・障害者配慮設計指針―消費生活製品の報知音」 |
| 6 | JIS S 0014 | 「高齢者・障害者配慮設計指針―消費生活製品の報知音―妨害音及び聴覚の加齢変化を考慮した音圧レベル」 |
| 触覚的配慮 | | |
| 7 | JIS S 0011 | 「高齢者・障害者配慮設計指針―消費生活製品の凸記号表示」 |
| 8 | JIS T 0921 | 「高齢者・障害者配慮設計指針―点字の表示原則及び点字表示方法―公共施設・設備」 |
| 9 | JIS T 0922 | 「高齢者・障害者配慮設計指針―触知案内図の情報内容及び形状並びにその表示方法」 |
| 10 | JIS X 6310 | 「プリペイドカード― 一般通則」 |
| 11 | JIS S 0052 | 「高齢者・障害者配慮設計指針―触覚情報―触知図形の基本設計方法」 |

| | | |
|---|---|---|
| 12 | JIS T 0923 | 「高齢者・障害者配慮設計指針—点字の表示原則及び点字表示方法—消費生活製品の操作部」 |
| 13 | JIS T 9253 | 「紫外線硬化樹脂インキ点字—品質及び試験方法」 |
| 包装・容器 | | |
| 14 | JIS S 0021 | 「高齢者・障害者配慮設計指針—包装・容器」 |
| 15 | JIS S 0022 | 「高齢者・障害者配慮設計指針—包装・容器—開封性試験方法」 |
| 16 | JIS S 0022 -3 | 「高齢者・障害者配慮設計指針—包装・容器—触覚識別表示」 |
| 17 | JIS S 0022 -4 | 「高齢者・障害者配慮設計指針—包装・容器—使用性評価方法」 |
| 18 | JIS S 0025 | 「高齢者・障害者配慮設計指針—包装・容器—危険の凸警告表示—要求事項」 |
| 消費生活製品 | | |
| 19 | JIS S 0012 | 「高齢者・障害者配慮設計指針—消費生活製品の操作性」 |
| 20 | JIS S 0023 | 「高齢者配慮設計指針—衣料品」 |
| 21 | JIS S 0023 -2 | 「高齢者配慮設計指針—衣料品—ボタンの形状及び使用法」 |
| 施設・設備 | | |
| 22 | JIS S 0024 | 「高齢者・障害者配慮設計指針—住宅設備機器」（別途解説あり） |
| 23 | JIS S 0026 | 「高齢者・障害者配慮設計指針—公共トイレにおける便房内操作部の形状，色，配置及び器具の配置」 |
| 24 | JIS T 0901 | 「視覚障害者の歩行・移動のための音声案内による支援システム指針」 |
| 25 | JIS S 0041 | 「高齢者・障害者配慮設計指針—自動販売機の操作性」 |
| 26 | JIS T 9251 | 「視覚障害者誘導用ブロック等の突起の形状・寸法及びその配列」 |
| 情報通信：個別規格 | | |
| 27. | JIS X 8341 -1 | 「高齢者・障害者配慮設計指針—情報通信における機器，ソフトウェア及びサービス— 第1部：共通指針」 |
| 情報通信：共通規格 | | |
| 28. | JIS X 8341 -2 | 「高齢者・障害者配慮設計指針—情報通信における機器，ソフトウェア及びサービス—第2部：情報処理装置」 |
| 29. | JIS X 8341 -3 | 「高齢者・障害者配慮設計指針—情報通信における機器，ソフトウェア及びサービス—第3部：ウェブコンテンツ」 |
| 30. | JIS X 8341 -4 | 「高齢者・障害者配慮設計指針—情報通信における機器，ソフトウェア及びサービス—第4部：電気通信機器」 |
| 31. | JIS X 8341 -5 | 「高齢者・障害者配慮設計指針—情報通信における機器，ソフトウェア及びサービス—第5部：事務機器」 |
| コミュニケーション | | |
| 32. | JIS T 0103 | 「コミュニケーション支援用絵記号デザイン原則」 |
| 33. | JIS S 0042 | 「高齢者・障害者配慮設計指針　アクセシブルミーティング」 |

［出典：経済産業省「『アクセシブルデザイン』ってなに？」（http://www.meti.go.jp/policy/conformity/panf/accessible.pdf），p.16］

# 第4章
# 望ましい技術の波及に向けて

本章では，今後の福祉技術の適切な波及に向けてポイントなどをまとめておく。

## 4.1　福祉技術を支える制度の現状と問題

近年，「高齢者・障がい者等の移動等の円滑化の促進に関する法律」，いわゆるバリアフリー法が施行され，福祉技術は都市生活環境へ円滑に溶け込むようになってきた。しかし，いまだに大きな問題は存在する。それは，都市生活者の「立場」による摩擦が多く生じていることである。たとえば，ユニバーサルデザイン化は，その人口が多い車いす利用者が問題解決対象の代表としてとらえられてきた。**図 4.1** を見ればわかるが，車いす利用者は段差がないほうがよく，一方，視覚障がい者は車道と歩道の段差が少しはあったほうが区別がつきやすくて助かる。

その合意点として，2 cm の段差を残すことで双方が納得・合意できるように，現行の各種基準が定められている。別の例をあげると，視覚障がい者は「施設の入口から受付までに誘導ブロックを敷設してほしい」と言うのが通常の意見で，杖の利用者や車いす使用者，ベビーカーを扱う親の世代は「施設には誘導ブロックが至るところに敷設されているが，段差ができて通りにくい」と意見を言う。視覚障がい者の方は，歩くときに誘導ブロックが貴重な移動支援情報になる。一方で，杖や車いす，ベビーカーの使用者は歩いたり通行したりするときに凹凸によってうまく移動できなくなってしまうわけである。点字ブロックの突起の高さは JIS で 5 mm と定められているが，規定までにさまざまな議

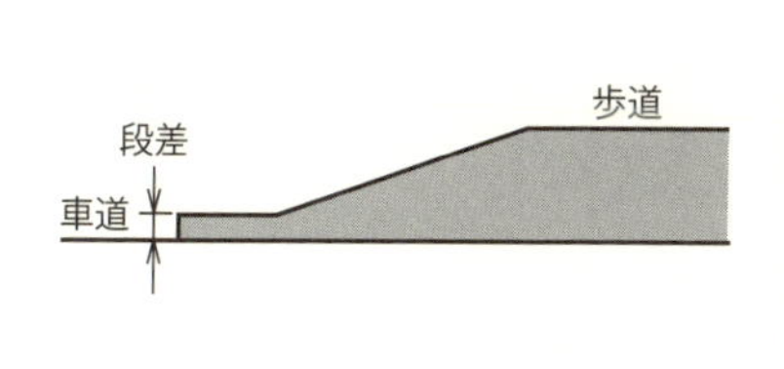

**図 4.1 車いす利用者は段差がないほうがよく，逆に視覚障がい者は車道と歩道の段差が多少あったほうが区別がつきやすく助かる**

視覚障がい者と車いす利用者の合意点として 2 cm の段差をつけるのが今の標準である（2 cm ルール）。

論が重ねられてきており，車いす利用者・視覚障がい者の折り合いをつけ，妥協した数字が 5 mm である。こうして，多様な利害関係者相互の「折り合いの福祉技術」に関する議論がいまだ日本では不十分であり，制度設計上の大きな問題といえる。

これから，福祉技術を学び，つくり上げていく読者の皆さんには，「事実は 1 つであっても，立場や今いる状況によって，解釈の仕方，考え方や感じ方は異なる」ということを熟知しておいてほしい。都市生活の質的向上では，障がいの種類が多様であるように，利害関係者が多いことを肝に銘じて取り組む必要がある。

さらに，**図 4.2** や**図 4.3** を見てほしい。最近では，観光振興の一環で，歴史的価値のある城や寺院にまで，エレベーターやスロープなどを付ける例も増えている。これは，あらゆる人への観光の権利を保持していくうえでは当然のことといえるが，まちづくりの現場の裏にまわると，歴史の専門家や景観の専門家と，福祉の専門家での摩擦がしばしば生じるケースである。筆者も，地方自

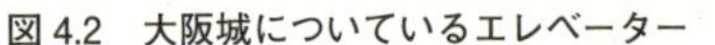

図 4.2　大阪城についているエレベーター

図 4.3　善光寺のスロープ

治体などのまちづくり関連の委員長を引き受けると，福祉の「機能」を重視するグループと，歴史や景観の「文化的価値」を重んじるグループの摩擦にしばしば出合ってきた。そうした福祉機能と文化的価値の間でのコンセンサスも重要課題である。

## 4.2　障がい者差別解消法と「合理性」をみんなで考えることの大切さ

こうしたなか，2016 年 4 月から，障がい者差別解消法が施行されている。しかし前述のように，「合理的な対応をする」といわれても，「何が合理的かわからない」という声が，この 1 年間でとても多く聞かれる。実際問題，国側もさまざまな都市生活のシーンがあるし，人間の特性も多様なので，一般的に合理性を定義することが難しいという。今後われわれは場面ごとに，障がい者，高齢者，子ども，子どもをもつ親，外国人などを意識しながら，ケースごとに実践した合理的と判断した行動をデータベースとして蓄積・共有化し，みんなで評価しながら合理的対応の最適解を社会で導出していくような試みがいっそう期待されるはずである。

また，インクルーシブデザインワークショップのように，高齢者や子ども，子どもをもつ親，外国人当事者一人をリードユーザとして，5 名程度の聞き手がじっくりとていねいに，ニーズを聞き出すような試みも増えていくであろう（図 4.4）。

**図 4.4　インクルーシブデザインワークショップの様子**
高齢者一人を囲んで，周囲のリードユーザ（代表的利用者）がじっくりとていねいに，ニーズを聞き出している。

## 4.3　研究・教育の世界で必要な姿勢

これは研究の姿勢であるが，福祉技術は単に，つくりたいものをつくればよいというものではない。当然，高齢者，障がい者，外国人，子どもとその親など多様な人々を包括するユニバーサルデザイン型社会をつくるうえでは，研究者や実践者が，価値観・技術・制度の真ん中に自分を置きながら，都市生活者の価値観・ニーズに沿った技術をつくり上げつつ，技術の普及や安全・安心な利用に供する制度設計までを長期的視野で考える姿勢が必要である。それが，基本的なこの世界での研究スタンスであるべきで，生活者側とサービス提供側の間に立ち，両者の合意形成も考え，現実的な問題解決を出すことが重要である（**図 4.5**，**図 4.6**）。

## 4.4　福祉技術と新しい価値の創造

福祉技術の世界で最も重要なことは，福祉＝幸福という原点に立ち戻り，われわれがあらゆる人々の幸福度を最大化する取り組みに着手できるかである。前述の**図 4.5** のように，人々の幸福度を絶えずスパイラルアップで最大化する過程では，人類が必要な新しい価値を福祉技術に組み込んで，絶えず成長させ

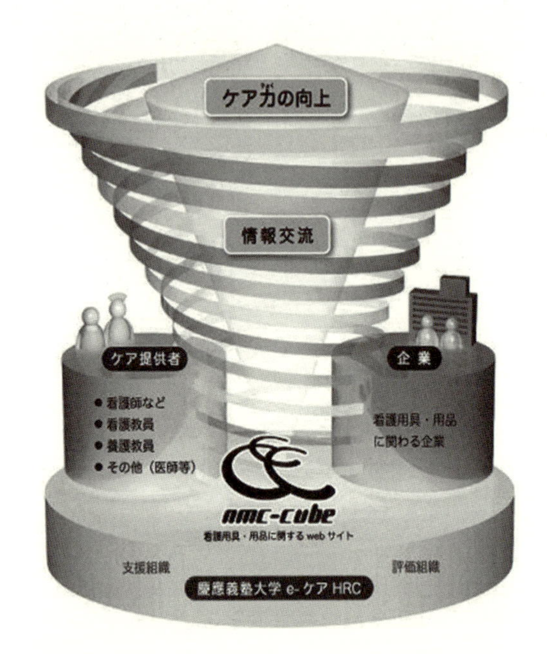


**図 4.5　筆者らが看護用具のユニバーサルデザイン化を研究したときの概念図**

研究者は使い手とサービスを提供する側の間に立ち，公平中立的な立場からつねにケア力の向上をめざした。こうした姿勢はいかなる分野にも通じ，長期的に環境が改善するように，終わりなくスパイラルアップさせる姿勢が大切である。

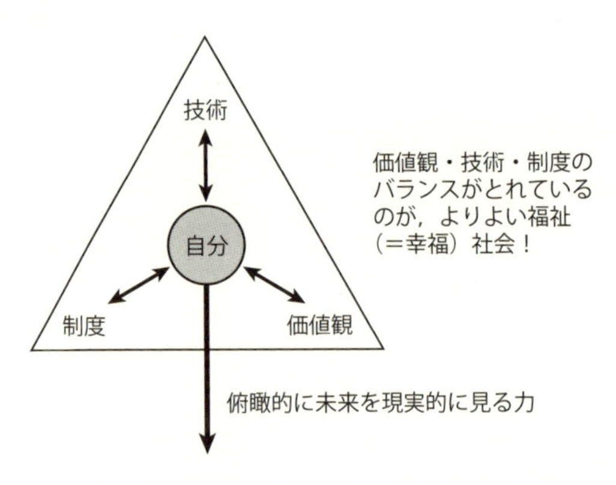


**図 4.6　価値観－技術－制度の真ん中で，公平中立に研究をすることが大切**

ることがたいへん重要である。たとえば，筆者が取り組んできた仕事は，エコデザインおよびユニバーサルデザインを融合させて，世界に通じる新しい社会的価値を創造して，われわれの幸福度を向上させる取り組みである（**図 4.7**）。たとえば，福祉技術 × サービスデザイン，防災 × ユニバーサルデザインという感じで，都市生活にかかわる異分野を融合させて，新しい社会的価値を創造・発信していく試みが，幸福度を向上させる福祉技術を成長させる要因になる。この分野融合的な視座をぜひ読者の方にも持ってもらい，ユニークな分野の掛け合わせで社会を改善してほしいと筆者は期待する。そうした学際的視座が本分野では不可欠である。

なお，ユニバーサルデザインとエコデザインの融合に基づく次世代の交通・物流のつくり方については，別途，西山敏樹『近未来の交通・物流と都市生活――ユニバーサルデザインとエコデザインの融合』（慶應義塾大学出版会，2016年）で詳しく紹介しているので，あわせて参照いただければ幸いである。

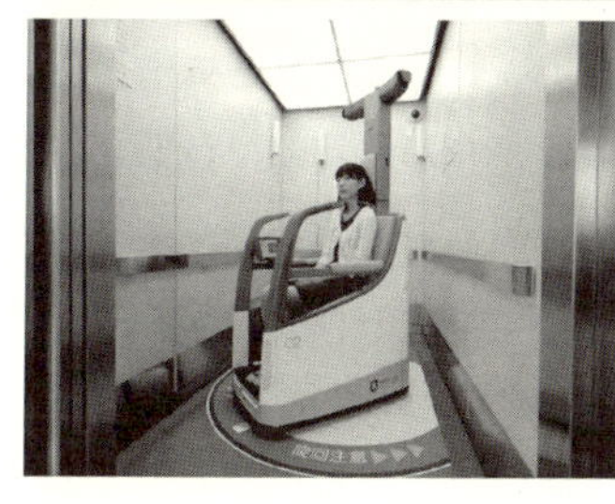
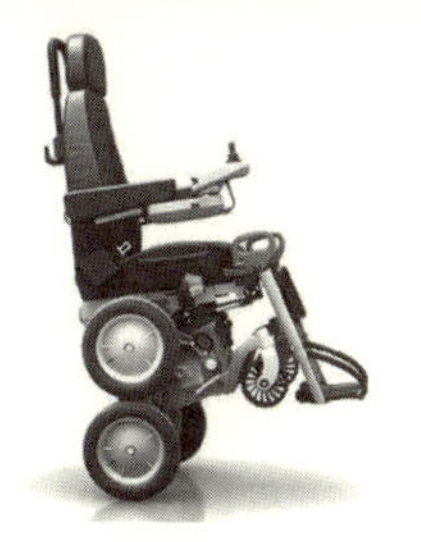

**図 4.7　筆者が注力してきた福祉技術とエコデザインを融合させた試みの数々**
（左上）電動かつ環境低負荷なインホイールモーター式の低床フルフラットバス。（左下）電動かつ自動運転機能が付いた病院内患者搬送システム。（右上）屋外で走れる電動・自動運転機能が付いた一人乗り用車輌。（右下）階段昇降や段差克服が可能な iBOT（筆者はこれの日本版を研究した）。

# おわりに

本書では，福祉技術の最新概要とそれらをつくり上げるうえでの基本的な考え方，および都市生活上の質的向上との関係性について述べてきた。時代は確実に，高齢化社会，そして障がいの種類の増加，および全人口の割合に占める障がい者人口の増加に進んでいる。さらに，東京オリンピック 2020 を視野に入れ，外国人来訪者，子どもとその親の都市生活の質的向上にまで社会の関心が及んでいる。

こうしたなかで，福祉技術は「幸福度を最大化するための技術」として注目されており，本書の読者の皆さんもそれぞれの立場で，今後意識をしなくてはならなくなる。技術進化とともに，いわゆるバリアフリー法や障がい者差別解消法が整備され，都市生活住民の価値観・ニーズと技術，制度の一体化への動きが見えてきている。こうしたなかで，もはやわれわれは価値観・技術・制度の中心に立ち，ニーズ志向で社会に溶け込む技術やサービスを開発しないといけない。

それに向けて，本書ではさまざまな人々の身体的特性やニーズ，従前の設計基準や基本的な考え方の推移，今後の検討の方向性を総合的に述べてきた。これにより，読者の皆さんの当該分野にかかわるうえでの基本的な知識および姿勢が身に付けば，筆者としてはうれしい。特に第 4 章 4.4 節でも述べたが，筆者のユニバーサルデザイン × エコデザインのように，福祉技術と別の世界を掛け合わせつつ新しい社会的価値を読者の皆さんに創造してほしいと願っている次第である。この分野間の掛け合わせが，新しい学問領域を切り拓くうえでの愉しさでもある。ぜひ皆さんにも，この愉しさがあることを旨に，当該分野で活躍してほしいと思う。そして，障がい者差別解消法で課題になっている「合理的対応」の智恵を絶えず共有しあい，その智恵が合理的な新しい現実になるよう絶えずスパイラルアップの姿勢で，皆さんと研究・実践していけることを心より希望している。

**謝辞**　本書の執筆にあたり，企画段階から慶應義塾大学出版会の浦山毅さんにはたいへんお世話になった。この場を借りてまずは厚く御礼申し上げる。また，本書の成果は筆者と多くの方々の研究上のコラボレーションに成り立つものである。紙面の都合上，皆さんのお名前や機関名をめいめいあげるわけにはいかないが，貴重な資料をご提供くださった方々を含め心より厚く御礼を申し上げる次第である。

## 参考文献

1）秋山哲男『高齢者の住まいと交通』（日本評論社，1993）
2）秋山哲男・三星昭宏『講座 高齢社会の技術 6 移動と交通』（日本評論社，1996）
3）秋山哲男・小坂俊吉『講座 高齢社会の技術 7 まちづくり』（日本評論社，1997）
4）秋山哲男ほか『都市交通のユニバ－サルデザイン』（学芸出版社，2001）
5）運輸省『運輸白書 1999』（1999）
6）運輸省『運輸白書 2000』（2000）
7）小川政亮『福祉行政と市町村障害者計画』（群青社，1997）
8）財団法人交通エコロジー・モビリティ財団『高齢者・障害者の海上移動に関する調査研究報告書』（1999）
9）田中直人・岩田三千子『サイン環境のユニバーサルデザイン』（学芸出版社，1999）
10）西山敏樹『近未来の交通・物流と都市生活――ユニバーサルデザインとエコデザインの融合』（慶應義塾大学出版会，2016）
11）日本道路公団東京第一管理局・財団法人地域開発研究所『東名高速道路休憩施設におけるユニバーサルデザイン導入展開に関する検討報告書――誰もが快適に利用できる環境の継続的創造をめざして』（2001）
12）日本道路公団東京管理局・財団法人地域開発研究所『東名高速道路休憩施設におけるユニバーサルデザイン整備検討改善提案書』（2002）

## 資料「東京都市大学都市生活学部“福祉のまちづくり”」の実際

筆者が本務校である東京都市大学都市生活学部で開講している福祉のまちづくりの講義では，高齢者，障がい者，外国人，子どもとその親の立場を体験的に理解しながら学べるように，以下のような内容にしている。

具体的に，チャイルドビジョンをつくり子どもの視野の狭さを認知する作業，チャイルドマウスをつくり子どもの口の狭さ，誤嚥の危険性などを認知する作業，車いすの乗車および操作の体験作業，アイマスクを利用した全盲状態認知作業，高齢者体験器具を利用した高齢者体験作業，耳栓を利用した聴覚障がいの認知作業，簡易的な錘を用いた妊婦体験作業，ベビー人形を乗せてのベビーカー操作体験などを織り交ぜて，体験的にいろいろな都市生活者の立場を体得させている。大学院の授業（ユニバーサルデザイン特論）でも専門的な体験をさせて，体得から必要な福祉技術のあり方を考えさせている。

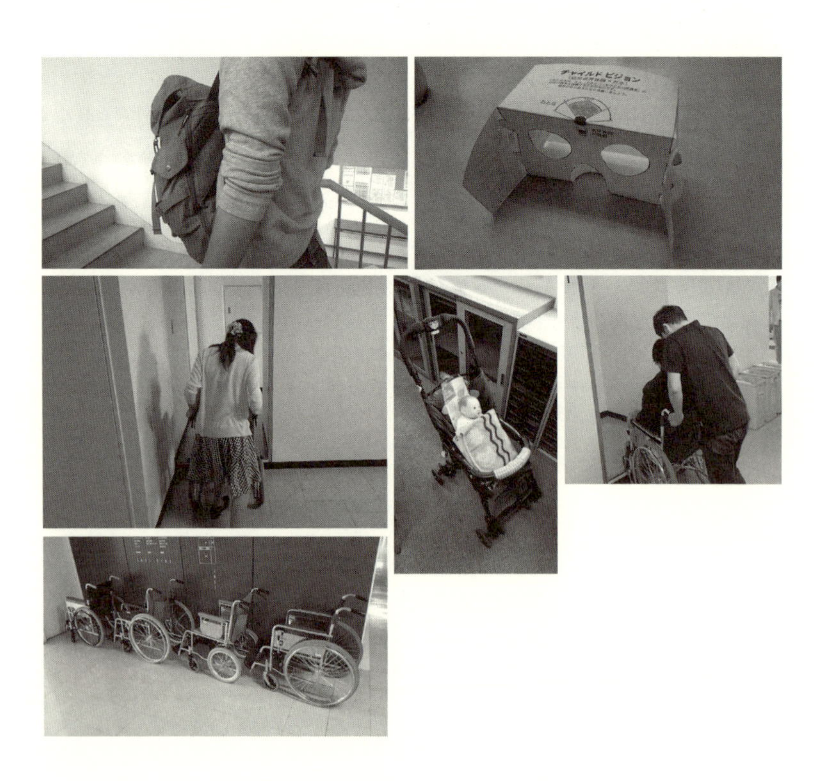

# 索　引

【た行】



【な行】



【は行】



【ま行】



【や行】



【ら行】

西山敏樹（にしやま・としき）

東京都市大学都市生活学部・大学院環境情報学研究科准教授。
1976年東京生まれ。慶應義塾大学総合政策学部卒業，同大学大学院政策・メディア研究科修士課程修了，同後期博士課程修了。2003年博士（政策・メディア）。2005年慶應義塾大学大学院政策・メディア研究科特別研究専任講師，2012年同大学大学院システムデザイン・マネジメント研究科特任准教授を経て，2015年より現職。慶應義塾大学SFC研究所上席所員，一般財団法人地域開発研究所（国土交通省所轄管理）客員研究員，日本イノベーション融合学会専務理事，ヒューマンインタフェース学会評議員なども務める。専門は，公共交通・物流システム，ユニバーサルデザイン，社会調査法など。
主要著作：『アカデミック・スキルズ　データ収集・分析入門——社会を効果的に読み解く技法』（共著，2013年，慶應義塾大学出版会，2013年），『アカデミック・スキルズ　実地調査入門——社会調査の第一歩』（共著，慶應義塾大学出版会，2015年），『近未来の交通・物流と都市生活——ユニバーサルデザインとエコデザインの融合』（編著，慶應義塾大学出版会，2016年），『インホイールモーター——原理と設計法』（共著，科学情報出版，2016年）ほか。

福祉技術と都市生活
——高齢者・障がい者・外国人・子どもと親への配慮

2017年4月15日　初版第1刷発行

著　者————西山敏樹
発行者————古屋正博
発行所————慶應義塾大学出版会株式会社
〒108-8346　東京都港区三田2-19-30
TEL〔編集部〕03-3451-0931
〔営業部〕03-3451-3584〈ご注文〉
〔　〃　〕03-3451-6926
FAX〔営業部〕03-3451-3122
振替 00190-8-155497
http://www.keio-up.co.jp/
装　丁————川崎デザイン
印刷・製本——株式会社加藤文明社
カバー印刷——株式会社太平印刷社


Printed in Japan　ISBN 978-4-7664-2413-3